科普热点

# 星际探秘
## ——高科技与宇宙

黄明哲 主编

中国科学技术出版社
·北 京·

**图书在版编目(CIP)数据**

　　星际探秘:高科技与宇宙/黄明哲主编.—北京:中国科学技术出版社,2013(2019.9重印)

　　(科普热点)

　　ISBN 978-7-5046-5751-0

　　Ⅰ.①星... Ⅱ.①黄... Ⅲ.①宇宙学-普及读物②高技术-应用-空间探索-普及读物 Ⅳ.①P159-49②V11-39

中国版本图书馆CIP数据核字(2011)第005532号

**中国科学技术出版社出版**

北京市海淀区中关村南大街16号　邮政编码:100081

电话:010-62173865　传真:010-62173081

http://www.cspbooks.com.cn

**中国科学技术出版社有限公司发行部发行**

**莱芜市凤城印务有限公司印刷**

\*

开本:700毫米×1000毫米 1/16　印张:10　字数:200千字

2013年3月第1版　2019年9月第2次印刷

ISBN 978-7-5046-5751-0/P·142

印数:5001-25000册　定价:29.90元

# 前言

科学是理想的灯塔！

她是好奇的孩子，飞上了月亮，又飞向火星；观测了银河，还要观测宇宙的边际。

她是智慧的母亲，挺身抗击灾害，究极天地自然，检测地震海啸，防患于未然。

她是伟大的造梦师，在大银幕上排山倒海、星际大战，让古老的魔杖幻化耀眼的光芒……

科学助推心智的成长！

电脑延伸大脑，网络提升生活，人类正走向虚拟生存。

进化路漫漫，基因中微小的差异，化作生命形态的千差万别，我们都是幸运儿。

穿越时空，科学使木乃伊说出了千年前的故事，寻找恐龙的后裔，复原珍贵的文物，重现失落的文明。

科学与人文联手，人类变得更加睿智，与自然和谐，走向可持续发展……

《科普热点》丛书全面展示宇宙、航天、网络、影视、基因、考古等最新科技进展，邀您驶入实现理想的快车道，畅享心智成长的科学之旅！

作者

2013年3月

# 《科普热点》丛书编委会

# 目 录

# 第一篇
# 宇宙协奏曲

# 闲话宇宙

公元前600年的古希腊，在一个氤氲的仲夏夜，当你从集市购物回来，抬头仰望天空，你突然发现，深蓝色的幕布上游弋着点点的繁星，于是你把他们命名为"πλανήτης"，意为行星或者漫游者。从这时起，我们人类对宇宙漫长探索的故事就开始了。

宇宙是由时间、空间、物质和能量交错纵横而成

在西方，宇宙一词源于希腊语Κοσμος，古希腊人认为宇宙的诞生乃是从混沌中产生出秩序来，Κοσμος其原意就是秩序。在中世纪，人们把沿着一个方向冲着同样目标共同行动的一群人叫做universitas，它又指现成的一切东西构成的统一整体，

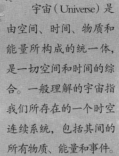

即宇宙。我们现在所认识的宇宙是由空间、时间、物质和能量交错纵横而成，它应有尽有又浩瀚虚无。时间为经，空间为纬，充满了未知，充满了奇迹。

　　世界上最早把空间和时间统一为宇宙的是中国春秋战国时期的大哲文子和尸子，在《文子·自然》中"往古来今谓之宙，四方上下谓之宇"。在《尸子》中"上下四方曰宇，往古来今曰宙。"他们都提出了宇是空间，宙是时间，二字连用，则始见于《庄子·齐物论》"旁日月，挟宇宙，

XINGJITANMI—GAOKEJI YU YUZHOU

　　宇宙（Universe）是由空间、时间、物质和能量所构成的统一体，是一切空间和时间的综合。一般理解的宇宙指我们所存在的一个时空连续系统，包括其间的所有物质、能量和事件。

◀　在古代中国，人们相信盘古开天辟地

为其吻合。"在同样古老的中国，那位梦见蝴蝶，却疑惑是不是蝴蝶梦见了自己的大思想家，眼光投向浩淼的星河，如是说。

佛经中，大的空间叫佛刹、虚空，小的叫微尘。佛教的宇宙观中宇宙有无数个世界。集一千个小世界称为"小千世界"，集一千个小千世界称为"中千

印度神话中的三大神 ▶

世界"，集一千个中千世界称为"大千世界"；合小千、中千、大千总称为三千大千世界。

　　在人类发展的早期，人们认为山河草木都有自己的意识，无论是朝长暮短还是洪水泛滥，都在冥冥之中被一种无可名状的神秘力量所管控，人们敬畏着这种力量还冠以种种的称谓，轰轰烈烈的"造神"运动自此开始。欧亚大陆上燃起的细微的文明之火在这种神秘力量的笼罩下跳跃燎原。在古代的中国，人们相信盘古开天辟地，从虚无到混沌，轻气上升为天，浊气下沉成地。他纵身一倒，山川出，江海成。

　　在印度神话中，描述宇宙的起源，有一梵卵化为一人，即普鲁沙，普鲁沙有着数千个头、眼睛和脚，后来普鲁沙一分为三，就是三大神，大梵天、大自在天以及妙毗天。其中大梵天为宇宙之主，妙毗天是宇宙与生命的守护者。在古埃及神话中认为初始宇宙是来自阿多姆神，阿多姆一分为二，变成风神休和雨神泰芙努特，接着风神和雨神又生一女一子，也就是天空女神努特和大地之神盖布。

　　"造神"运动是早期人类认识宇宙的心灵影像，给后世的人们留下了无尽的神话传说和艺术空间。

　　根据大爆炸宇宙模型推算，宇宙年龄大约200亿年。宇宙带给我们许多的未知，许多的疑惑，实际上我们的存在本身就是一个未解之谜，"我是谁？我从哪来？我要去哪？"这么简单的问题却能难得住许多大哲，或许我们真的应该对自己的处境好好思索一番。

XINGJITANMI—GAOKEJI YU YUZHOU

# 大爆炸的三分钟

美剧《生活大爆炸》(The Big Bang Theory)的片头曲是这么唱的："Our whole universe was in a hot dense state, Then nearly fourteen billion years ago expansion started. Wait⋯"（我们的宇宙曾处于炎热致密的状态，然后大约一百四十亿年前它开始膨胀。等一下……）

我们的宇宙一直处于膨胀的状态

基于我们现在对宇宙的观察，各种星系天体都纷纷离我们而去，我们的宇宙一直处于一个膨胀的状态，如果沿着时间之河逆流而上137亿年，我们会看到宇宙的小时候，那时所有的物质应该都挤在一个根本谈不上大小的极小的地方。而且宇宙的年龄越小，宇宙的"体积"就越小，物质越紧密，温度也越高。如果顺着这个逻辑推导下去，那么我们不得不认为宇宙诞生于一次"大爆炸"。

在那个所谓的造物之初的时刻，事实上并没有这个时刻，因为时间是大爆炸产生的。好吧，就让我们继续，把宇宙之中的所有粒子全部塞在一个小到甚至称不上空间的地方。你要记得的是，那时并没有空间一说，所有的空间都是随着爆炸的进行而产生的，然后，所谓的大爆炸，就这么发生了。于是，我们的宇宙诞生了。

不得不说这是一个光辉的时刻，在这时面对它的扩散速度之快，范围之广，任何语言的描述都不足够。在那满是奇迹的第一秒里，产生了引力以及其他

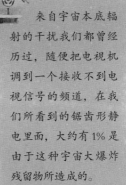

来自宇宙本底辐射的干扰我们都曾经历过，随便把电视机调到一个接收不到电视信号的频道，在我们所看到的锯齿形静电里面，大约有1%是由于这种宇宙大爆炸残留物所造成的。

◀ 宇宙诞生于一次"大爆炸"

大爆炸理论并不是关于大爆炸本身，而是关于大爆炸不久以后发生的事，科学家不但做了大量的计算，还在粒子加速器里观察，他们使得我们知道大爆炸发生后10～43秒里宇宙的情景，当时的整个宇宙还极其微小，得用显微镜才看得到。

在物理学中你所能知道的力，在不到一分钟的时间里，宇宙的直径扩散至1600万亿公里并且还在高速扩散，这期间一直产生着大量的热，电子形成在宇宙温度还在1000亿摄氏度的时候，这时宇宙中的粒子还包括了光子、电子、中微子，当温度降到10亿摄氏度左右时，中子开始失去自由存在的条件，要么发生衰变，要么与质子结合成重氢、氦等元素，各种化学元素就是从这一时期开始形成的。等温度进一步下降到100万摄氏度后，化学元素基本成型。这时宇宙间的物质主要是质子、电子、光子和一些比较轻的原子核。当温度继续下降，直到降到几千摄氏度时，辐射减退，宇宙间飘浮着种种气态物质，气体渐渐凝聚成气云，再进一步形成各种各样的恒星体系，形成了我们今天看到的宇宙。

宇宙大爆炸的理论在1965年得到了一个偶然观测结果的有力支持。那是在美国新泽西州的贝尔实验室，年轻的科学家彭齐亚斯和威尔逊想要使用一根大型通信天线，可是总是受到一种噪声的干扰，他们为了排除噪声做出了很大的努力：测试了每个电器系统，重新组装了机器，检查了线路，拂掉了灰尘，甚至清理了后来他们称之为"白色电解质"的鸟粪，但是这些努力毫无作用。两位年轻人仍然找不到原因，于是就打电话给普林斯顿大学的迪克，向他描述这个问题。迪克正在寻找这种射线，在听了他们的叙述之后马上意识到他们发现的是什么，"哎呀，好家伙，人家抢在前面了，"他一边向他的同事说，一边挂断电话。

苏联天文物理学家乔治·伽莫夫在20世纪40年代提出过一种假设：如果你观察空间深处，你会发现大爆炸残留下来的某种宇宙背景辐射，那种辐射在穿越宇宙之后会以微波的形式到达地球，而这种微波就是彭齐亚斯和威尔逊所谓的噪声，尽管他们发现的时候不知道是什么，也并非在找宇宙背景辐射，但是他们还是获得了1978年的诺贝尔物理学奖。

▼ 彭齐亚斯和威尔逊

XINGJITANMI—GAOKEJIYUYUZHOU

# 行星元素表——赫罗图

　　哥本哈根的夜晚宁静而漫长，正像许许多多的丹麦人一样，赫茨普龙不时从窗口探出头来，深情凝望着星空。后来，我们知道，号称宇宙学中的"元素周期表"的罗素图，就是最先由这个法令纹如同刀刻一样的男人研究得来的，一百多年前的那个时候，罗素比他要有名得多，直到罗素发表他的成果时，大家才注意到赫茨普龙，并命名为"赫罗图"。

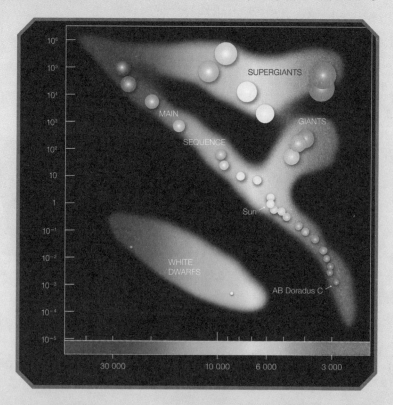

赫罗图所表现的是恒星温度或颜色与光度之间的关系

　　赫罗图所表现的是恒星温度或颜色与光度之间的关系。科学家经常借助赫罗图来分类恒星,判断它的星族属性,年龄和结构以及在漫长的演化进程中所处的阶段。赫罗图根据恒星的温度或颜色把恒星分成了七种类型,分别以字母O、B、A、F、G、K、M表示。O型是热的蓝星,M型是较冷的红星。按照温度的降次排列。有一个简单的英文口诀来帮助记忆:"Oh be A Fine Girl/Guy. Kiss Me!"

　　从赫罗图上我们可以看到,炽热而明亮蓝巨星分布在左上方,冰冷且阴暗的红矮星位于图的右下角。包括地球在内的大多数恒星,都处于从左上至右下的一条对角线上,这条对角线被称为主星序,这上面的恒星被称为主序星,处于其演化生涯的氢燃烧阶段。当恒星核的氢烧完以后,它们就离开主序,向右上方向移动,开始了氦的燃烧从而成为红巨星。最终红巨星坍缩,温度上升,成为白矮星,这时它们移动到了赫罗图的左下方,继续损失着能量成为黑矮星。

　　红巨星的氦核最终还是会坍缩并升温。当温度达到一千万摄氏度时,产生一系列复杂的核聚变。如果这个恒星的质量小,那么它会暂时地成为"红超巨星",如果它的质量是太阳的十几倍,就会发生

　　你知道在赫罗图中星体的亮度是怎么表示的吗?没错,是绝对星等。在天文学中,绝对星等是假定把恒星放在距离地球10秒差距(32.6光年)的地方测得的恒星的亮度,用以区别于视星等。它反映天体的真实发光本领。这样对天体的光度做出的判断会客观很多,而且还不受距离的影响。

恒星的光度与它的体积有着线性关系。光度小的矮星，体积也小，光度大的巨星，体积更大，而且恒星之间的大小的差距还很大。

周期性的膨胀收缩，变热变冷，这时它被称作 "造父变星"。当氦燃烧尽了以后，质量小于太阳十倍的恒星就接近死亡了，它会向外抛射物质，从而形成"行星状星云"它将外壳都抛出以后就露出一个核，这就是白矮星，如果它质量大于太阳十几倍，它在核聚变中会产生新的元素，还有金属铁，然后向内部坍塌撞击到星球的内核上，这股力量又被转换成动能以冲击波的形式向外扩散，这就是所说的"超新星爆发"这种爆发的光芒极其耀眼，能媲美整个星系的光，而且持续时间很长，要一年才会暗下来。爆炸的遗迹根据质量的大小形成中子星或者黑洞。

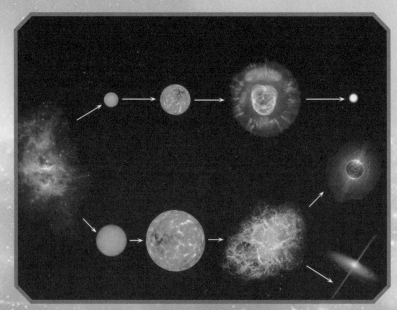

▲ 赫罗图可以帮助我们观察恒星的演化生涯

在赫罗图上，恒星并不是平均分布的，它有着一定的序列，行星的化学成分不同，在赫罗图上呈现的序列也就不同。随着时间的推移，恒星的内部结构也在演变的过程中，这同时可以反映到光度和表面温度上，从而改变恒星在赫罗图上的位置。这些序列可以用来研究恒星的形成和演化。行星在主星序上分布的最多，占90%，也就是它一生中的大部分时间。其次分布密集的就是右上角的红巨星，左下角的白矮星。这张图记载了恒星一生的历史，时间跨度之大已经是我们难以感受到的，只剩下了单纯的数字。它的生命开始于气体和尘埃凝聚而成又坍塌了的星胚，它散尽的生命在宇宙中飘浮，一切尘归尘，土归土。

▲ 红超巨星

　　曾经有一个很热门的电视剧叫《新女驸马》，剧中的太子每天都抱着木匠的那些工具在那儿做木鸟，口中总是念叨着：木鸟飞啊，木鸟飞啊……几乎成了一个呆子。这部电视剧，是根据民间传奇黄梅戏《女驸马》改编拍摄的，可见也是有些历史渊源的。这就足以体现出古代人对天空的向往，对漫漫星空的向往，对宇宙的向往。

"飞行者一号"成功升空

　　最早想要通过火箭飞向天空的人要数中国明朝的士大夫万户，他把47个自制的火箭绑在椅子上，双手举着大风筝，设想利用火箭的推力和风筝的力量飞起——他当然如愿以偿了，不过在飞天的同时，他也被爆炸的火箭炸死了，但他却为人类的火箭史写了第一笔。为了纪念他的功劳，人们还在月球上以他的名字命名了一座环形山。

此后的很长一段时间，人类对于天空都只能望洋兴叹。直到1903年12月17日，美国的莱特兄弟使第一架动力飞行器"飞行者一号"成功升空12秒——这才使人类有了"与天公试比高"的可能。不过关于飞行之父到底是谁也有些争议，巴西人往往认为他们的英雄桑托斯·杜蒙特在巴黎一家公园里的飞行才算得上真正的第一次。不过这些都不是重要的，重要的是我们终于飞起来了。

人类当然清楚未知的世界还很广阔，仅仅满足于飞起来显然是鼠目寸光的观点。于是，人们开始探索地球以外的世界。1961年4月12日，苏联用"东方一号"运载火箭发射了世界第一艘载人飞船，世界上第一位航天员尤里·加加林乘坐"东方一号"飞船进入近地轨道，绕地球转了一圈后返回地面，开创了人类进入太空飞行的新纪元。这当然只是一个开始，随后又有许多国家做了这方面的尝试，但是由于航天工程不仅需要大量的人力物力，对科学技术方面的要求也特别高。到目前为止，能将宇航员送上太空的国家还只有三个：苏联（俄罗斯）、美国以及中国。

对太空的探索是一项丰常巨大而又艰苦的工

人类除了对较近的星球进行探索外，从20世纪60年代以来，还花费了近10亿元人民币，向宇宙发射了无数个频率信号，对天空进行的扫描有成千上万个小时，甚至还向宇宙发射了一些小型飞行器，这些飞行器中会放置一些关于人类的图片等其他资料，以求有外星伙伴收到后来地球探亲。

曾几何时，关于火星生命的传言沸沸扬扬，所以我们对火星发射的探测器也是特别的多，世界上第一个发射火星探测器的国家其实是苏联，只不过当时由于技术不过关，这个由苏联科学家精心设计的宝贝在离地球一亿公里的地方就消失不见了，至今踪迹全无。

▲ 加加林是世界上第一位航天员

程，但是一直以来关于外太空的传闻总是不断。不明飞行物、外星人、星云、黑洞、白洞等等，人们无法停止让好奇心四处寻觅。苏联作为世界上曾经数一数二的大国，很早就开始了对太空的探索。从19世纪60年代开始就不断地针对月球发射探测器——这应该是人类第一次对地球以外的星球作研究。在一共发射了24个月球号探测器后，人们对月球有了基本的了解。紧接着人们的目光又瞄中了太阳系中离地球最近的行星——火星。

1975年，美国航天局实施了"海盗号"火星着陆探测计划，先后发射了两个"海盗"号火星探测器，并于1976年在火星表面软着陆成功。由于人们之前对火星人抱有很大的幻想，所以"海盗号"实际上也是背负着在火星上寻找生命的巨大任务，虽然最后并没有找到火星人，甚至连一滴水都没找到，但是也给人们带来了许多关于火星的信息。

此后美国航天局对其他离地球较近的星球也进行了类似的探索，除了宇航局外，无数的科学家也在对宇宙做着理论的分析。宇宙的面纱正一步步被我们揭开——美国甚至都已经有了与外星人交流的网站。但是浩瀚星空，多的是我们不知道的地方，不知道的事，不知道的神奇现象。对宇宙的探索可谓任重而道远。

▼ "海盗2号"火星探测器拍摄的火星表面照片

# 如果太阳离我们而去

有人把太阳毁灭当成杞人忧天的无稽之谈，觉得就算是人类毁灭了，太阳也不会毁灭。可是，太阳其实是一个不断进行核聚变的反应堆，因此，核燃料耗竭之时就是它生命终结之日。没有任何东西是可以永生不灭的，太阳也不例外。

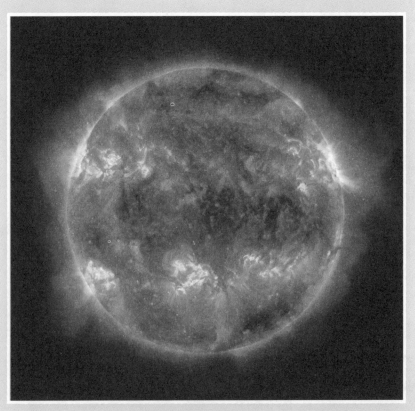

我们现在的太阳正处于中年期

　　宇宙中的每一个恒星都有像我们一样的命运，从初生期到青壮年期再到衰亡期。我们现在的太阳就正处于中年期，它的年龄大约为50亿年，而一颗太阳般大的恒星寿命一般只有100亿年，也就是说太阳稳定燃烧的时间也只剩50亿年了，至于50亿年后，太阳的命运会如何谁也说不清楚，有人说它会逐渐变大形成红巨星，形成红巨星一段时间后又会爆炸形成白矮星，最后再以白矮星的身份燃烧直到彻底毁灭。而且在形成巨红星的过程中，太阳会吞食自己的内行星金星和水星，地球可能也逃脱不了这样的命运。不过也有人说，50亿年后太阳的引力将崩塌，太阳自身将会被分解，但也有一定的几率形成黑洞。

▼ 如果太阳演化成红巨星，可能会吞噬地球

事实上不同质量层次的恒星有不同的命运。质量小的恒星会耗尽燃料形成红矮星，在核心的反应终止之后，逐渐走向死亡。质量稍大的命运则稍好些，它的外壳会向外膨胀，核心向内压缩变成红巨星，然后把外层抛射出去形成行星状星云，中心留下的核心逐渐冷却，成为白矮星，最后才渐渐老去。而质量更大的则会成为红超巨星，核心紧接着发生灾难性的大坍缩，最终形成神秘的黑洞。

不过不管是哪种结果，地球的命运都堪忧。若是太阳逐渐演化成红巨星，太阳就会一步步吞噬自己的内行星，谁也不知道地球能不能在这一过程中幸存下来。不过就算幸存了下来，地球也有可能与火星发生碰撞，进而粉碎成为数万亿颗石质小行星，抑或是来自肿胀的太阳的潮汐效应把地球撕裂，最终达到与前者相同的结果。

但有科学家认为，若地球能在太阳变成红巨星的阶段存活下来，哪怕只能留下一些残骸，它也很有可能在太阳的白矮星阶段重生。因为自身引力，地球会渐渐形成新的球体，然后在白矮星的引力作用下成为白矮星的行星，而且还可以拥有几十亿年适合居住的温度。不过当然，经过这么一折腾，人类成为标本是毋庸置疑的事情。而至于地球还能不能孕育新的生命也是未可知的事。因为生命的产生存在着太多的偶然，哪怕只少了一个小小的原子，生命就将与地球擦肩而过。

若太阳根本不是人们所预料的——演化成红巨星，而是在燃烧殆尽之后分解了，那地球的命运必然是另一番景象。可能会被其他引力更大的恒星吸引过去，也有可能就留在太阳系和太阳系的这些行星们纠缠不清，不管是哪种可能，地球上的生物都将遭受灭顶之灾——没有哪种生物可以脱离阳光生存下来。比起前一种死法，这种似乎更加残忍。至少被吞噬或者被撕裂来得更痛快些。

虽然说太阳的毁灭是五十亿年以后的事情，但事实上太阳的变化每时每刻都在发生，谁也不知道这颗作为地球生命始祖的恒星，什么时候给我们划上句号。

红巨星其实就是恒星老化所产生的星体，称之"红"是因为恒星外表面离中心越来越远，温度也随之降低，发光也越来越红，就像瓦数不够的灯泡。称它是"巨星"自然就是因为他大了，红巨星大约是恒星的十亿倍大，不说它大都不行了。

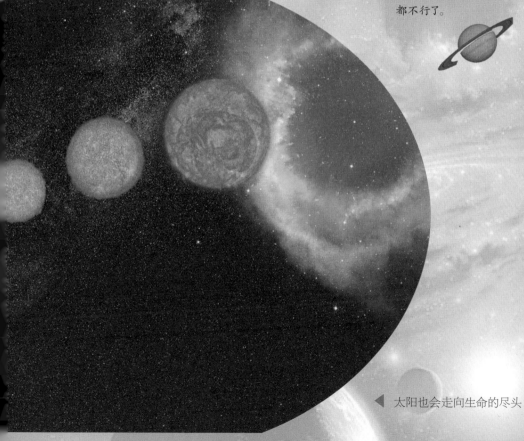

▶ 太阳也会走向生命的尽头

# 平行宇宙

"您的祖先和牛顿、叔本华不同的地方是他认为时间没有同一性和绝对性,他认为时间有无数序列、是相互背离的。汇合的和平行的时间织成一张不断增长、错综复杂的网。由互相靠拢、分歧、交错,或者永远互不干扰的时间织成的网络包含了所有的可能性。在大部分时间里,我们并不存在;在某些时间,有你而没有我;在另一些时间,有我而没有你;再有一些时间,你我都存在。目前这个时刻,偶然的机会使您光临舍间;在另一个时刻,您穿过花园,发现我已死去;再在另一个时刻,我说着目前所说的话,不过我是个错误,是个幽灵。"——博尔赫斯《小径分叉的花园》

宇宙中的无数个星系

作家博尔赫斯的小说中，描述了一种情景：当面对选择时，你选择了所有的可能性而不是只有一种，这样一来就产生了不同的后世，不同的可能，这就是所谓的平行宇宙。在物理学中，平行宇宙的理论虽然尚未被证实，根据这种理论可以推论出，在我们的宇宙之外，很可能还存在着其他的宇宙，它们基本的物理常数可能和我们所认知的宇宙相同，也可能不同。

瞬间发生的大爆炸产生了无数个宇宙，就像同时出现了无数个泡沫，这些宇宙的基本物理常数可能和我们的相同，也可能不同，但是只有少数泡沫宇宙的初始条件是精确的，也只有精确的才能演化出星系等物质。除此之外，这些宇宙之间

▲ 瞬间发生的大爆炸产生了无数个宇宙

**薛定谔的猫**

这是一个理想实验，事实上薛定谔并没有真地把可怜的猫儿怎么样。他是这么设计的：把一只猫封在一个密室里，密室里有食物有毒药。毒药瓶上有一个锤子，锤子被一个电子开关所控制，电子开关由放射性原子控制。如果原子核衰变，则放出α粒子。触动电子开关，锤子落下，砸碎毒药瓶，释放出里面的氧化物气体，小猫儿就必死无疑。问题是原子衰变是随机发生的，所以直到打开密室我们才能得知猫儿是否被毒死，那么在打开密室之前，猫同时存在着生或死两种状态的叠加。

平行宇宙也用来反驳双空位悖论,这个悖论主要的意思是在时间旅行的时候,地球也是在运行的,即使是穿越到了以前的那个时间,所面临的是空间上的空位,因此永远不可能时间旅行,但是穿越到了其他平行的宇宙就能很好地解决这个问题。

没有任何的联系,取而代之的是以一种叠加状态决定的。

这种所谓的叠加,就是说平行宇宙是重叠在一起的,以一种重叠的方式存在着,就比如我们存在的这个空间,其实是重叠了无数的空间,我们的生活其实只不过是无数种生活的一种,看不到其他宇宙,只是因为重叠在一起了。设想一下,如果不同的重叠宇宙之间有了交集,物质世界遵循两种不同的物理定律,连物体下落的加速度都不一样,将会是多么混乱啊,最终可能导致的恐怖结果是一场大爆炸,所有的宇宙都灰飞烟灭。

量子平行宇宙是随时随地就可以产生的。每

▲ 薛定谔的猫

一个事件的发生都会产生一个平行宇宙，也就是说，每一件事你都做了所有的选择，有无数的过程和结果，每一个分支都产生了一个新的宇宙。举个例子来说，可能你在这个宇宙和你的恋人分手了，但是在其中一个平行宇宙中，你们可能过着幸福快乐的生活，正在海滩上享受美好的假期；可能在这个宇宙的你假期里只能埋头于工作，但是另一个平行宇宙的你已是在去往西藏的大北线上其中400多千米的搓板路上体验着另一种动人心魄的美，为之感恩赞叹。这么看来，似乎平行宇宙理论除了在量子力学里的意义之外，它还挺安慰人的。

▲ 平行时间就如同一面镜子，只不过你看到的是另外一个自己

# 伽利略的忏悔

"我，伽利略，亲临法庭受审，双膝下跪，两眼注视，以双手按着圣福音书起誓，我摈弃并憎恶我过去的异端邪说……我忏悔并承认，我的错误是由于求名的野心和纯然无知……我现在宣布并发誓，地球并不绕太阳而运行。我从此不以任何方法、语言或者做法支持、维护或宣扬地动的邪说。"

伽利略

伽利略的忏悔是跪在地上做的，不知道他那双患有关节炎的腿是否能受得了那么长时间的下跪，或者更重要的是他的灵魂是否能经得住那对于自己钟爱的事业的背叛。直到现在，人们还在传唱着"哥伦布发现了新大陆，伽利略发现了新宇宙"这样的句子，但是当时在教会的逼迫下，他做了忏悔，读完忏悔词后还哀叹道："然而此刻地球还是在转动！"除此之外他还遭受了多年的监禁。

就是这个跪倒在地的老人，他曾在比萨斜塔做过两个球同时落地的实验，还发明了天文望远镜；他看到了月球表面的凹凸不平，也见证过了土星光环的光芒；他发现了太阳黑子、太阳的自转、金星和水星的盈亏、周月天平动、广袤的银河；以及木星的四颗卫星，为哥白尼的学说做出那么漂亮而又干净利落的一个证明。

然而，就是这个"现代物理之父"、"科学之父"却不得不抖动自己高贵的嘴唇，来做上一场虚假的忏悔。然而他不是布鲁诺，你没法要求每一个人都为自己的论说献身。你绝对不愿意把那同样伟大的一位老人推向火刑架。不是每一场火都烧得有价值，也不是每一缕光都是希望之光，然而，就是这把火，烧开了中世纪欧洲浓重的黑雾。布鲁诺，那个在1600年罗马的鲜花广场，被捆绑在火刑架上的

XINGJITANMI—GAOKEJIYUYUZHOU

1992年10月31日，在伽利略蒙冤360年后终于获得梵蒂冈教皇的平反。

梵蒂冈教皇约翰·保罗二世承认：当年处置伽利略是一个"善意的错误"。他还说："永远不要再发生另一起伽利略事件。"他同时表示，要为由过去到现在天主教会曾经犯下的罪过道歉，包括十字军东征、异端裁判所、对其他基督徒的宗教战争和对纳粹屠杀犹太人的漠视……这种道歉为教会在千年多的历史伤口上缝上了细密的一针，让人感叹。

▲ 布鲁诺的雕像伫立在罗马鲜花广场

瘦弱男人，他的身体因为多天的折磨而憔悴不堪，但他的双眼却因此熠熠发光，如同夜晚海上的灯塔。他是异端，但他更是真理，临死前他喃喃地说："火并不能把我征服，未来的世纪会了解我，知道我的价值。"他是日心说的宣扬者，执着是一场悲剧，必以死亡来结束。

这个悲情的故事要从2010年5月22日在波兰弗龙堡大教堂重新下葬的男人身上说起，他的名字叫哥白尼。在他战战兢兢死后才敢出版的《天体运行论》中，阐述了地球绕其轴心运行；月亮绕地球运行；地球和其他所有行星都绕太阳运转的事实，尽管他低估了太阳系的规模，但是那是在中世纪的黑暗之中，那时并没有探测卫星、天文望远镜，在他小心翼翼记录测量计算天体的轨道的时候，达·芬奇在漫长的黑夜里画着《最后的晚餐》，但丁喃喃着《神曲》，塞万提斯构思着那位骑士，米开朗基罗已经开始在罗马的西斯廷教堂动了《末日审判》的初笔。

科学的发展总是反复而又曲折，在对于真理追求的道路上也会屡屡碰壁，无论压力是来自教皇、权贵还是自己，只要是选择了远方就注定风雨兼程，而那远方，有最美的真理。"吾爱吾师，但吾更爱真理"，亚里士多德如是说。

伽利略家族姓氏是伽利雷(Galilei)，他的全名是Galileo Galilei，由于翻译的问题，他的名字Galileo更广为大家接受。

◀ 哥白尼

# 宇宙生命知几许?

茫茫宇宙是否还存在着除地球生物以外的其他生命体呢? 很多人都会毫不犹豫地回答:"是, 只不过现在没有发现罢了!"然后联想着外星人的模样:"像牛一样的眼睛, 或者没有眼睛——他们会依靠别的什么器官来感知世界; 光秃秃的头顶——加上小小的个子, 会显得特别可爱吧! 说不定还会讲地球话呢! 英语还是中文呢?"随着人们的好奇, 各种关于不明飞行物的流言有了;"太空大战"类的游戏有了; 各种美国人拯救全世界的好莱坞大片有了……

真的会有外星人存在吗?

对于外星生物这样一个人类视野的死角问题, 不论是在天真懵懂的孩童对满天星空的遥想里; 还是在那些闲来无事, 不时发现一些不明飞行物的人们眼中; 或是在科学家的高精确望远镜背后; 它都像是玫瑰花芯的香蜜，吸引着每个拥有好奇心的人，也促使了科学家在这方面的研究。

　　人们对于宇宙的认识始于15世纪的欧洲，轰轰烈烈的文艺复兴运动使人们对漫漫星空的认识逐步清晰。从17世纪伽利略发明了望远镜开始，人们对外星生物的臆想就开始一幕幕上演。1878年1月，UFO——这一承载着人类对外星生物无限好奇的载体登上了历史舞台：美国得克萨斯州的农民马丁

▶ 伽利略发明的望远镜

在田间劳作时，忽然看见天空中有一个圆形物体在飞行——这是世界上最早关于UFO的报道，从此之后，各类不明飞行物层出不穷。

其中一个影响较大的UFO事件发生在1947年6月24日，当时的美国联邦警察局局长凯尼恩·阿诺德正驾驶着飞机去寻找一架失事的C-46运输机，可当他飞行到华盛顿伦尼山附近，升到3500米高空搜索失事飞机的踪迹时，却发现有9个闪闪发光的耀眼的物体排成梯形，从他的飞机前方由北向南飞去，在山峦间曲折地穿行。"每个飞行物都跳跃式地前进，就像水上打漂的碟子"，"估计它们的半径为15米左右"。他事后向人们这样口述道，此事在美国曾轰动一时，并因为阿诺德对这些不明飞行物的描述，"Flying Saucers"（飞碟）成了描述不明飞行物的又一新词。

当然这样的事件多如牛毛，可信度自然也就降低了许多。可是我

1952年拍摄的不明飞行物照片

们碰到外星生物的几率到底有多大呢? 1991年11月,设在美国西弗吉尼亚州绿岸镇附近的国立射电天文台,举行了一次探讨地外智慧生命的学术讨论会。美国天体物理学家德蕾克在此次研讨会中提出了一个著名的方程,后来称之为"绿岸公式",德蕾克根据这个公式,用粗略估计的最低值代入计算,得出在银河系中的高级技术文明星球的数目为40万至5000万个。这是对探索地外智慧生命作定量分析的第一次尝试。

　　根据这个数据来看,我们遇见外星人的几率还是颇大的,虽然说在茫茫宇宙中旅行的每一光年都充满着艰辛,但要相信外星生物也会和我们一样充满着好奇心,这种伟大而又神奇的力量会支配着他们从千万光年以外而来,与我们相聚。你也别被那些好莱坞大片弄得太紧张,地球的资源已经被我们用得差不多了,他们不会因为那点可怜的资源和我们大战一场;也别中了有些人的圈套,以为曾经的某些人莫名其妙地失踪是外星人的实验。我想他们不会那么可怕,如若他们真有来到我们身边的那一天,一定也是奔着好奇心而来的,也会像你睁着圆圆的大眼睛看他一样用眼睛(或是其他与眼睛功能相近的器官)探究着你的每一个毛孔……

德蕾克提出的"绿岸公式"是这样的: $R^* \times n_e \times f_p \times f_1 \times f_i \times f_e \times L$。听名字还以为是个比较轻松的公式,不过事实上它涉及的七个因素,每一个都十分复杂,关于它的计算更是一项巨大的工程。

美国著名科学作家阿西莫夫根据自己的见解,曾提出与绿岸公式相类似的公式,并估计出,银河系大约存在53万个文明星球,即银河系中每100万颗恒星中,平均可能有18个高技术文明世界。由此可见我们遇见外星人的概率还是十分可观的,只要我们有能力走遍银河系,寻找外星也不过是小菜一碟。

# 我从哪里来?

关于人从哪里来这个问题,答案实在多种多样,上帝说人的第N代祖先是亚当和夏娃,玉皇大帝说人真正的母亲是女娲。估计地球上近两千个民族有近两千种不同的说法。不过这些当然只是传说,你可千万不能相信那种用泥土造人的神话。不过说起人到底是怎么来的,那还真是像童话般传奇。

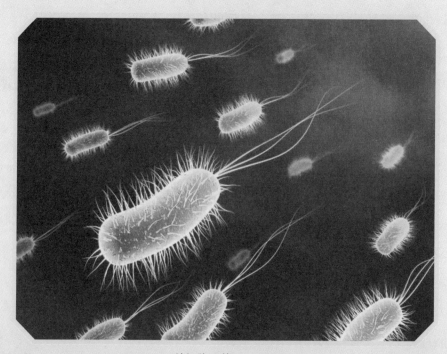

单细胞生物

地球形成之初，是没有任何生命的，更别说你了，那时候的地球，只不过是宇宙中的尘埃经过亿万年的分分合合结合而成的一个浑浊的球体。这个球体通过自身的一些活动，比如闪电、火山喷发等，又加之在15000万千米之外恰到好处地有一颗恒星给予地球以反应的能量——渐渐出现了一些有机分子，如甲烷、二氧化碳等等。这些有机分子在一系列自然现象的促进下又渐渐形成了更复杂的有机物，如氨基酸、糖等。大约在距今40亿年前的某一天，生命出现了——它可能只是一个简单的细胞，或者连细胞都说不上，孤独地在偌大的海洋里游弋。不过你可不能因为它的孤独和渺小而漠视它，某种意义上，没有它就不可能有你，它若没有进入史册，那你就永远只能沉睡在尘埃之下。

据说在鸟类称霸世界时期最大的鸟叫恐鸟，不过事实上它们并不能飞，靠植物的叶、种子和果实来裹腹。虽然是原始的鸟类，但它们却也算得上是原始鸟界的情种，据说这种鸟实行严格的"一夫一妻"制，直到夫妻中的一方过世，另一方才会寻找新的伴侣。

单细胞的原始生物在海洋中漂泊了35亿年之久，一直没有谁敢与它在生物界争雄。直到5.4亿年前，一场莫名的生物旋风袭击了地球，通过各种变异和进化，那段时间不仅涌现了许许多多复杂的动植物，甚至后来还出现了恐龙那样的庞然大物。不过盛极则衰，恐龙最后还是灭绝了，那个时代的许多其他动植物也跟着成了化石标本，至于灭亡的原因实在是众说纷纭：有人说是因为有小行星撞击地球；有人说是环境变化太快，爬行动物不再适应这个地球，被哺乳动物排斥掉了；有人说是由于大陆漂

XINGJITANMI—GAOKEJIYUYUZHOU

关于地球原始生命的形成，著名的科学家米勒曾做过一个著名的模拟实验，他用一个盛有水的烧瓶代表原始的海洋，其上部球型空间里含有氢气、氨气、甲烷和水蒸汽等"还原性大气"。通过对这个模拟环境进行一些在原始地球上可能发生的化学反应，最后真的有新的有机化合物合成，这就证明了，生命起源的第一步——从无机小分子物质形成有机小分子物质，在原始地球的条件下是完全可能实现的。

移，恐龙不适应巨大的变化所以灭绝了。不过说到底不管是哪种看法事实上都是猜测，尽管有人倾向于行星撞地球一说。但总而言之，它就是被历史的车轮碾成粉末了，只留下屈指可数的几根骨头来让你瞻仰。

大约6500万年前，恐龙彻底成为标本，与它一同成为标本的大约占当时所为生物的90%，你一定好奇接下来的时间，地球上还有什么生物可以让以

▶ 体型庞大的恐龙也未能逃过灭绝的命运

后的你一步步出现。其实恐龙灭绝后相当长的一段
时间内，地球上就只剩下真菌了，不过自然界的力
量是伟大的，很快，各种动植物开始复苏，不过当然
不再是灭绝以前的那些了。哺乳动物开始逐渐崭露
头角，但在它彻底统治地球之前，也曾有一段时间
是鸟类在称霸世界。因为那时候的哺乳动物个头太
小，根本无法与当时体形庞大的鸟类匹敌，要知道
那时候的鸟类可不是都像金丝雀那样秀气的，据说

最大的鸟平均身高都有3米。

但鸟类并没能称霸地球太久，巨鸟在距今大约五百万年前就彻底灭亡了，接下来哺乳动物便登上了历史舞台。大约在700万年前，某一个古猿偶然拿起了一个石片当成削肉的工具，于是人就出现了，一步一步站得更直，一步一步更加聪明。直到今天，地球的每一寸土地都有人的足迹，或者更确切地说是，每一寸土地都被人类霸占了，而其他的生物都在走下坡路。不过盛极则衰的原则对人类也绝不例外，如果人类不能及时调整发展模式，也难逃被历史淘汰的结局。

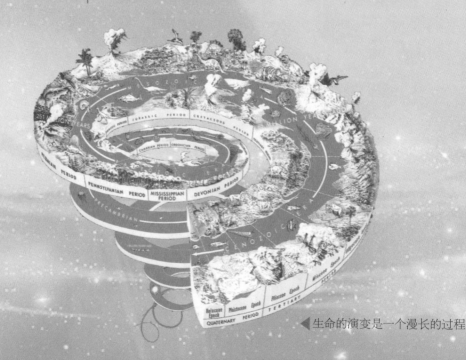

◀ 生命的演变是一个漫长的过程

# 第二篇
# 星星变奏曲

# 金星维纳斯

傍晚，当夕阳落下地平线，西南天空就会渐渐显露出一颗明亮的星星。中国古人称它为太白金星，象征文采和长寿；古罗马人则称它为维纳斯，象征美丽和爱情。它是天边最亮的那颗星，但每当繁星来临，它却隐去了身影，它，就是金星。

金星

　　或许因为她从海上来，或许因为她只在黄昏和黎明时出现，或许因为她异常的明亮和美丽，人们把她冠以古罗马神话中代表爱和美的女神维纳斯之名，在遥远而又同样古老的中国，人们称金星为"太

　　如果你站在太阳的北极上空鸟瞰太阳系，所有的行星都是以逆时针方向自转，只有金星特立独行地顺时针自转，有人推测这是金星曾经与小行星碰撞造成的。更令人惊奇的是，金星的自转周期和公转是同步的，这么一来，当两颗行星的距离最接近时，金星总是以同一个面来面对地球。这可能是潮汐锁定所导致的——当两颗行星靠得足够近时，潮汐力就会影响金星自转。当然，这也有可能只是一种巧合。

◀ 金星与地球的质量接近，被称为地球的"姐妹星"

星际探秘——高科技与宇宙

在金星的云端上空永不止息的吹刮着大风，时速高达350千米，而在表面却是风平浪静，每小时风速不会超过数千米。金星的云层主要是由二氧化硫和硫酸组成，完全覆盖整个金星表面。这就使观测极难进行，迄今为止，人类发往金星或路过金星的各种探测器已经超过40个，获得了很多金星的资料。

白"或者"太白金星"，也称"启明"或"长庚"(傍晚出现时称"长庚"，清晨出现时称"启明")。她还有两个名字：晨星和昏星。在圣经里，金星象征黎明代表路西法。

金星是一颗类地行星，因其质量与地球很是接近，有时也被人们叫做地球的"姐妹星"，她最与众不同的是她没有磁场，是太阳系中唯一一颗没有磁场的行星。同时金星在太阳系中的轨道最接近圆形，偏心率也最小，仅为0.7%。金星同月球一样，具有周期性的圆缺变化（相位变化），但是由于金星距离地球太远，我们无法用肉眼看到。金星的相位变化，曾经被伽利略作为证明哥白尼的日

▲ 金星上有云层也有雷电

心说的有力证据。

金星和水星一样，是八大行星中仅有的两个没有天然卫星的大行星，因此在金星上的夜空中看不到"月亮"。金星由于离太阳比较近，按离太阳由近及远的次序是第二颗，所以在金星上看太阳，太阳的大小会比在地球上看到的大1.5倍。或许为了名副其实，金星的天空是橙黄色的。金星上有云层也有雷电，曾经记录到的最大一次闪电持续了15分钟。金星的大气压为90个标准大气压，这就相当于地球海洋深1千米处的压力。由于金星在很多方面与地球相似，比如金星也是有大气层的固体行星，质量和密度都与地球非常相近，在星球表面都有一些环形山口，金星的化学组成也与地球相似……这些原因都导致有人认为在金星厚厚的云层下面可能存在着生命。

但是根据我们的探测研究表明，金星的大气主要由二氧化碳组成，并含有少量的氮气。大量的二氧化碳使金星成为一个巨大的温室，使金星表面温度达到了足矣使铅条熔化的温度，如果没有大气层，金星会比现在冷400℃。但是这稠密的大气造成的不仅仅是温室效应，它还把太阳光反射出金星表面，这样一来，虽然金星比地球离太阳的距离要近，它表面所得到的光照却比地球少。

XINGJITANMI—GAOKEJIYUYUZHOU

# 来自地狱的使者——冥王星

　　或许你对2006年8月24日于布拉格召开的第26届国际天文联合会还有印象，或许你根本不知道这么个会议，但是你一定知道的是，有一颗星星被踢出了太阳系的九大行星，降级成为一颗矮行星。这个消息传来后，有多少人为冥王星奔走呼喊，又有多少人挥泪告别，不知道冥王星上如若有"人"的话，他们会怎么看待这件事，是出兵攻打地球，还是付之一笑不予理会呢？至少我们现在还没有得到冥王军队攻向地球的消息。

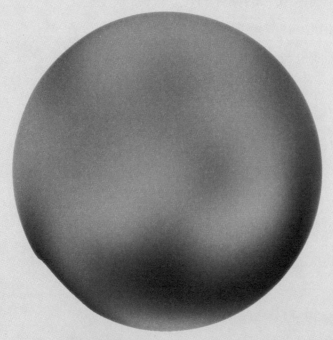

哈勃望远镜拍摄到的冥王星影像

如果你想成为一个行星，那么你必须满足三个条件：必须是该区域内最大的天体；必须有足够大的质量，能依靠自身的重力，通过流体静力学平衡，使自身的形状达到近似球形；天体内部不能发生核聚变反应。或许那些天文学家并不真正在乎冥王星的感受，或许它自身的条件是真的不怎么样，于是它被降级了。它也是最后被发现的一颗"行星"，通过计算才得以发现，以罗马神话中的冥王普路托（Pluto）来命名它，或许与它自身太暗有关。无论是

▲ 冥王星不再是太阳系的一颗行星

45

星际探秘——高科技与宇宙

美国科学家推测冥王星上可能存在液态水，如果冥王星岩核中的放射性钾元素含量达到十亿分之七十五，那么钾元素的衰变产生的能量就使得冥王星的表层冰盖融化。

按照这种思路推断下去，其他被冰层包裹的星球也有可能产生海洋，具备生命存在的条件。

手冢治虫、浦泽直树，还是沃尔特·迪士尼都很喜欢这个名字并用在自己的作品里。其实在罗马神话中，这位冥界的神并没有代言邪恶，"普路托"这个词竟然还源于希腊语"富有的"，人们认为冥王掌管着地下的财富并且从地下赋予人间以收成，不过，祭奠他的神庙倒是寥寥无几，而且，只祭祀给他黑色的动物。

发现冥王星的时间只有60多年，如此短的时间真的不足以让它和我们搞好关系，它还又小又远，至今未曾有探测卫星登陆过它的表面，它给我们留下的疑问可真不少。冥王星的轨道十分地反常，有的时候甚至会运行得比海王星还要接近太阳，但是因为它的公转周期恰好是海王星的1.5倍，所以幸运的是，它们怎么都不会碰撞。它和天王星一样，赤道面几乎是要与轨道垂直。对于它的表面温度我们知道得也不是很清楚，只能大概估算在306℃至328℃之间。再说说它的成分，很抱歉，我们不知道，但是根据密度推算，它可能像海卫一一样由70%岩石和30%冰水混合而成的。或许地上还覆盖着一些明亮的固体氮、甲烷和一氧化碳，至于它表面的黑暗部分有人猜是有机物。再来说说它的大气，这薄薄的一层大气可能由大部分的氮和少量的一氧化碳以及甲烷组成。但就连这薄薄的一层也不是总有的，这些物质只在冥王星运行到了近日点时才会变为气体。

在冥王星还是一颗行星的时候就距离太阳最远，足足有59亿千米，是地球与太阳距离的40倍。由于它的距离远，环绕太阳运行的速度也慢，围绕太阳一周得花上248个地球年。它的轨道非常扁，轨道偏心率也大。它还有四个卫星，其中的冥卫一与冥王星形成了一个双行星系统，它们的质心在冥王星表面以外。表面温度低至-230℃的冥王星是一颗被冰壳包裹的星球，根本不可能存在液态水。但罗比雄和尼莫则指出，冥王星上液态水的存在取决于两个因素：其内核中放射性钾元素的含量，以及其表面冰盖的坚硬程度。

浦泽直树曾经改编了手冢治虫的一个《阿童木》中的短片合作过一个名为《Pluto》的作品。背景架空在未来，以一个机器人意外被杀为线索展开了未来人和机器人相处的深深思索。

▲ 电脑模拟的冥王星表面

# 千里共婵娟——月球

　　无论阿姆斯特朗的登月在历史上有什么重大的意义，无论他那句"对于自身而言，这只是一小步，但是对于人类来说，这是一大步"说的有多么骄傲和动听，对于孩子和梦想家来说，人类的登月注定是一个悲剧，因为从那以后，月亮再也不是小兔子和大美女居住的世外桃源，月亮上没有砍不断的桂树，更没有沉睡的御天敌。

从月球看地球

对于月球你肯定觉得已经很是熟悉了，在你的记忆库里，关乎月亮不仅仅只有潮汐、狼人，还有月饼、桂花酒，或许你还熟悉关乎月亮的神话，无论是中国还是古希腊，你可能还会用万有引力公式计算出月球的重力加速度，更进一步，你或许还知道月球永远是有一面背向我们的，但是相信我，总有些关于月球的事你不知道。

先让我们整体介绍一下月球，它是我们在这个孤独宇宙中唯一的卫星，月球的年龄大约有46亿年。它与地球一样也有壳、幔、核等分层结构。月球直径约

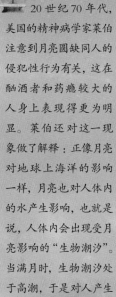

20世纪70年代，美国的精神病学家莱伯注意到月亮圆缺同人的侵犯性行为有关，这在酗酒者和药瘾较大的人身上表现得更为明显。莱伯还对这一现象做了解释：正像月亮对地球上海洋的影响一样，月亮也对人体内的水产生影响，也就是说，人体内会出现受月亮影响的"生物潮汐"。当满月时，生物潮汐处于高潮，于是对人产生了很大的影响。

▲ 月球是我们非常熟悉的一颗星球

在满月和弦月期间，88个病人中有64%的病人发生了心绞痛；在太阳、地球和月亮运行到呈一直线时，患肠胃溃疡病人的出血量增多。而且多数妇女的分娩是在月亏之时。科学家猜测，这可能是万有引力或电磁的变化所致。

3476千米，是地球的1/4、它的质量与地球质量之比也是太阳系中最大的，因此不难看出，月球对地球的影响，比其他卫星对母星的影响要大得多。

地球上的潮汐现象主要是由月亮引起的，地球上的潮汐主要来自月球牵引地球两侧引力强度的渐进变化，这种力也叫潮汐力，最直观的表现是海潮，即海平面的升高。月亮在造成潮汐的同时，还造成了洋流，由于月球的引力，大洋里的海水会涌向面对月球的一面，使高纬度的海水和侧向月球的海水低于正常的大洋球面，这样就使高纬度的海平面和侧向月球的海平面降低。再加上地球不停自转的作用，海的高潮面随着月球公转自东向西移动，并吸引着海水由东向西在低纬度地区流动，由此便形成了洋流。

地球上的潮汐现象主要是由月亮引起的

　　很多地区的气候都受到了洋流的影响，比如挪威。挪威处于高纬度地带，一部分的领土已经延伸到了寒带，但是挪威却是温带海洋性气候，这就是受到了洋流的影响，确切地说是暖流。

　　让我们来设想一下，如果多出一个或者几个月亮会是怎样的？或许孩子们会高兴了，因为这么一来或许会有多出的中秋节可以过；但是如果真的多出来个卫星，我们的日子肯定就要不好过了。两颗卫星首先轨道是不同的，那么两颗卫星导致的洋流从不同方向交汇，地球会出现更多的寒流和暖流；同时也会有更多的地方，因为冷暖两流的碰撞而产生暴风骤雨，更多的地方会出现异常的天气，经济作物的生长会受到影响，还会有一些低纬度国家被洋流冲走，大洋变得波涛汹涌，海洋贸易的成本也会骤增。

　　月亮不仅仅对大洋存在着影响，而且对生物体也有着很大的影响。比如，有一种珊瑚虫，它们就是在一年的某个月圆之夜聚集在一起集体繁殖下一代。在太平洋的一个小岛周围，有那么一种鱼会在月圆的时候集体跳上海滩进行交配，直到潮汐到来再将它们以及它们的孩子一起带到海洋中去。除此之外，植物对于月亮也是有反应的，马铃薯在月圆的那一天，也是它的淀粉沉淀速度最快的一天。

# 木星星期四

古罗马命名木星为朱庇特，是古罗马神话中的众神之神。相当于希腊神话中的宙斯。在拉丁语里又是星期四的意思。古代中国称木星为岁星，取木星其绕行太阳一周为 12 年，和地支相同之意。它在天空的亮度很高，是仅次于月亮和金星的星体。它在太阳系中占据绝对主导的地位，它的质量最大，而且自转速度也是最快的。

木星的体积是地球体积的一千多倍

木星在太阳系是个大块头。它的体积是地球体积的1300多倍，质量比太阳系中其他七颗行星质量的总和还大。木星的组成和火星、水星不一样，它属于气体星体，和土星、海王星、天王星合称为类木行星。它的组成成分并不以固体为主，更像一个超级大的气团，掩盖在966千米的云层之下。浓厚的大气大部分由氢构成，气体的密度随着深度的增加而变大，直至从气态变为液态，在距离木星的大气一万千米之下，是百万的高压和高温造就的液态金属氢。木星的中央是由硅酸盐和铁等物质组成的核区，质量是地球质量的10倍。

木星大气变化多端的原因或许与它飞快的自转有关，著名的"大红斑"就是木星上的一场巨大的风暴。它在17世纪就已经被发现了，也就是说这场大风暴在木星已经刮了几百个春秋，它的规模之大是太阳系内罕有的，竟然有三个地球那么大。云海在其周围运动不休，云带之间也常常掀起浪潮，形成各个小风暴继而合并成另一个大风暴在木星上肆虐奔腾不休。剧烈的大气运动还导致了高空闪电。

木星的磁场非常之强，足足是地球的十几倍。磁场与太阳风形成了非常复杂的磁层，这磁层从木星大气向外空延伸了几百千米，包裹住了木星的四大卫星，使其免于太阳风袭击。在木星上，你

XINGJITANMI—GAOKEJIYUYUZHOU

在星体之间也有"优胜劣汰，适者生存"一说，在太阳系形成之初，各个行星之间也进行过极其残酷的竞争。小行星们不断碰撞，不断融合，大行星则会吞噬其他小行星。木星的体积是地球的1316倍，它的内核却非常之小，重量仅有地球内核的十倍。

木星的内核占其整体的比重十分大，科学家认为这是源于它曾经吞噬过一个大小相当于地球 10 倍的行星，这个小行星内核中的金属等元素在剧烈的碰撞中汽化，与木星大气中的氢气和氦气混合在一起，使得木星的大气稠密起来。

还能看到极光，极光蜿蜒长达几万千米。你还能看到明暗交错颜色缤纷的云带在木星上环绕，褐色、蓝色、红色、黄色、绿色……纷至沓来，在那广袤的大气上挥动长袖。

木星是太阳系里最为"人丁兴旺"的大家庭。它有60多颗已知的卫星，它的孩子木卫一非常有活力，甚至在喷发着火山。在"旅行者号"登陆到木卫一的时候，被上面的景象惊呆了。竟然有九座火山在同时喷发，喷射出的岩浆冲向了三百多千米的高空，整个星球如同炼狱一般被滚滚的岩浆所覆盖，整个星球呈现出温暖而诡异的橘红色。

◀ 明暗交错颜色缤纷的云带在木星上环绕

木卫二又是太阳系中最亮的一颗卫星。木卫三是太阳系中最大的一颗卫星。木卫一、木卫二、木卫三、木卫四都是由伽利略发现的，因此并称伽利略卫星。除了卫星之外，木星还有所有太阳系中的巨行星都拥有的光环，由颗粒状的岩石构成，木星环即使没有土星的光环那么壮观，也环绕着木星有四圈，6500千米多宽，而且光环之中的粒子并不十分稳定。通过探测器人们还发现在木星光环和外层大气之间有一个强辐射带，带中有不知从何而来的高能量氦离子。

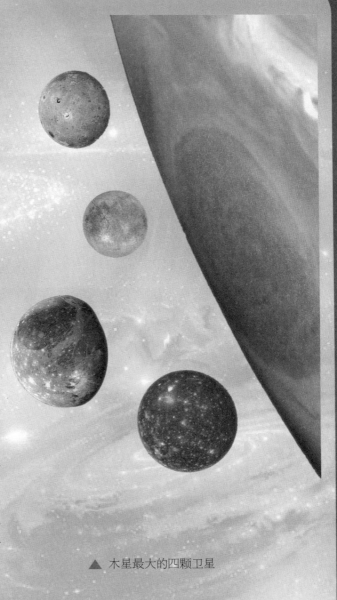

▲ 木星最大的四颗卫星

# 遥远的类星体

　　曾经有这样一句诗，"远在远方的风比远方更远"，还有这样一句诗"远方除了遥远一无所有"人们总是在探寻远方，总是在满足自己一次次的好奇之后又奔向另一个远方。而实际上，远方没有变，远方是永恒的，而流逝的总是那些追求远方的人，他们或留下一段可歌可泣的故事，或留下一首传唱长久的歌谣，或留下一个孤单的向远方行着的背影，或什么也没有留给我们，只是把自己留给远方。

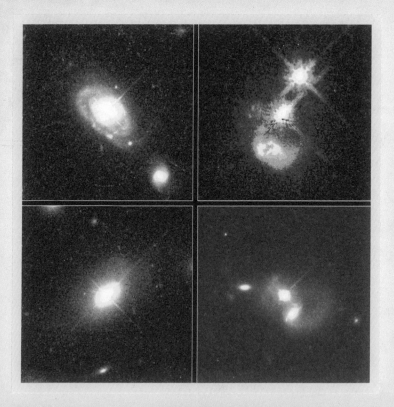

用天文望远镜观测到的类星体

如果你追寻的是远方，那么或许天文学很适合你，如果你想对最遥远的是什么问个究竟，那么你可以去好好了解一下类星体，它是至今为止人类所观测到的最远的星体，距离地球至少100亿光年，如果你想去一探究竟，即使是以光的速度，你这一生也回不来，实际上就连光都要跑上一百亿年才能到达那里。这种星体能被我们观测到多亏了它的高亮度。它个头比星系小很多，但是释放的能量却是巨大的，足足比星系要大上千倍以上

从类星体这个名字上可以容易地辨认出这并不是真正的星体。它的发现是在20世纪60年代，不过直到现在我们对它的了解还并不是很多，1960年，天文学家发现了射电源3C48的光学对应体是一个视星等为16等的恒星状天体，周围还有一些较暗的星云状物质。令人感到疑惑的是在光谱中人们发现有几条完全陌生的谱线。直到几年后，人们才认出，那几条谱线其实是氢原子的谱线，由于经历了很大的红移而变得难以辨认。红移表示的是天体远离我们，红移越大天体远离我们的速度也就越快，3C48的退行速度甚至达到了光速的1/3，有的类星体速度更快，竟达到了光速的90%。科学家们把这种看似星体其实则不然的天体称之为类星体。

类星体的辐射很强，我们最初观察到它是在射

XINGJITANMI—GAOKEJI YU YUZHOU

直到20世纪90年代中期，我们才了解到类星体其实是有宿主星系的，它的本质是一系列的活动星系核，它本身过明亮的光芒使得其他星体都暗淡无光，以至于我们很难观测得到。在星系的中央有一个黑洞，巨大的引力使得物质掉入黑洞，又随着巨大的能量辐射喷发出来，形成物质喷流，在磁场的约束下沿着磁轴方向喷发。如果正面对着观察者，观察到的就是类星体了。

对于类星体的红移之大有好几种解释：其中一种是宇宙学红移，认为红移其实是由于类星体的退行而产生的，从而反映了宇宙的膨胀；还有认为是强引力场造成的引力红移。

电波段，这只是它辐射的一小部分。由于它距离我们之远，亮度不大，体积比普通星系还小，辐射却大大地超过了普通星系，有的甚至达到整个银河系辐射功率的上万倍，这些不禁让我们的疑问越来越大，类星体这么高的能量究竟从何而来？人们对于这个问题提出了种种的假说，如：黑洞假说、白洞假说、反物质假说、巨型脉冲星假说、超新星连环爆炸假说、恒星碰撞爆炸假说等等。在研究中还发现一些新现象，比如光谱中元素不同，谱线红移值也就不同，发射线和吸收线的红移值也不尽相同。

▼ 类星体的巨大能量究竟从何而来

▲ 类星体有其宿主星系

　　类星体大大地扩大了人类对于宇宙的认知范围，有一位澳大利亚的天文学家曾观测到一个距离地球200亿光年的类星体，在两百亿年前的光被我们观测到，也就是说，通过这个类星体，我们所知道的宇宙达到了两百亿光年的距离。由于它的个头小，能量大，发出的辐射也大，人们把它称为宇宙的灯塔。然而令人惊讶的是，类星体的直径只有普通星系的十万分之一到百万分之一，还不到一个光年，体积类似太阳。尽管个子如此的矮小，可它释放出来的能量却相当于二百个星系，或二十万个太阳能量的总和。类星体因而被称为"宇宙中的灯塔"。

　　卡文迪许实验室是二十世纪最伟大的实验室，没错，没有"之一"。在剑桥那座古老的三层小楼里走出了 29 位诺贝尔物理学奖得主。毫无疑问给物理系的实验室起这个名字是为了纪念著名的理论物理学家、电磁理论、气体分子运动理论和统计物理的主要奠基人亨利·卡文迪许，还有一点或许你会感兴趣，筹建这个实验室的是当时剑桥大学的校长——威廉·卡文迪许，他是亨利的近亲，他们共同来自一个古老而高贵的家族。

卡文迪许实验室

▲ 贝尔小姐

发现脉冲星的贝尔小姐并没有获得诺贝尔物理学奖，不是这项成就不足够重要，脉冲星和类星体、宇宙微波背景辐射、星际有机分子一道，并称为20世纪60年代天文学"四大发现"。当1974年，诺贝尔奖第一次授予天文学家时，首次发现脉冲星的她未被提及，荣誉给了她当时的教授安东尼·休伊什和同事马丁·赖尔。这甚至引起了许多天文学家的愤怒，而她却从来没有去争论什么。要知道她和休伊什曾经联名在《自然》杂志上公布了这一发现。而且她做的工作绝不仅仅是"收集数据"和"早期的观察"。

来自北爱尔兰的贝尔小姐不但钢琴弹得好，而且还是个忠实的贵格会成员。她在最好的年龄没有去喝酒泡吧发展恋情，而是把时间都耗在了剑桥大学的卡文迪许实验室。在她24岁的那一年，她在检测射电望远镜的接收信号时发现了一些有规律的脉冲信号，这些信号的周期还十分稳定，为1.333秒，起初她还以为这是外星人"小绿人"给我们发出的联系

XINGJITANMI—GAOKEJI YU YUZHOU

脉冲星的分类有两种：毫秒脉冲星和脉冲双星，前者的自转周期极短，自转极快，但是年龄并不年轻，后者是两颗互相环绕的双脉冲星系统，它们靠近时，引力辐射会使它们更近。

信号呢，但是通过后续的研究，人们最终确定这是一种正在快速旋转的中子星，正是由于它的快速旋转发出电脉冲，它被确定是一种全新的星体，被命名为脉冲星。

既然我们提到了脉冲星，那么就不能回避中子星，这还要从行星的演化谈起。当恒星的生命走向终结的时候，它的命运和自身的重量有关，小质量和中等质量的恒星将成为一颗白矮星，它的体积很小，密度却很大，呈现的是白色。较大质量的恒星会发生一次超新星爆发，至于爆发后的命运取决于剩余星核的质量。大于太阳的1.4倍，内在的引力就足够使星核内的原子内的电子和质子结合成中子。这就是中子星，它表面的温度很高，而且辐射出多种射线，其中就包括：X射线、γ射线和可见光。当中子星的磁极朝向地球的时候，电磁波从磁极的位置发射出来，形成圆锥形的辐射区，就像一个旋转的灯塔那样一次次地扫过地球，形成射电脉冲，第一个被察觉的射电脉冲射到了贝尔小姐的仪器上，它位于狐狸座方向，是人类发现的第一颗脉冲星。

脉冲星的最大特性就是有短而稳的脉冲周期。就像人的脉搏一样，一下一下地跳动着，当然实际上大多的脉冲星周期要比脉搏快很多，每当它自转一周，我们就能接受到一次它所辐射出的电磁波，这就形成脉冲现象。脉冲的周期实际上也就是星球自转的周期。

　　这种源源不断的力量其实是消耗它高速自转产生的能量，因此自转的速度会放慢，但是这种变慢其实是非常缓慢的，以至于我们能通过这个现象就能推断出它年龄的大小，周期越短，年龄越小。除了高速自转外，它的磁场也很强。而且电子只能从磁极射出来。

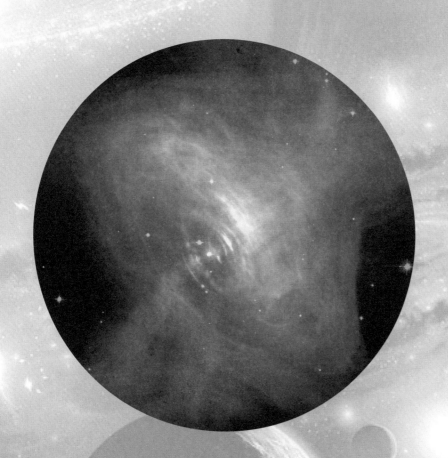

▲ 贝尔小姐发现了脉冲星

# 回光返照
## ——超新星

　　当你把脑袋伸向天空的时候，要知道的是，你所看到的仅仅是宇宙极小的部分，但是这已经足以让人感动了，星体发出的光穿越数千年甚至上百万年的岁月，不早不晚地恰好在你抬头的那瞬间射进你眼中，更令人伤感的是，很可能你现在看到的星体其实已经结束了它漫长的生命，比如说我们熟悉的北极星，可能在一次工业革命前就已经熄灭了，我们最多只能说，它在 680 多年前的今天还亮着。

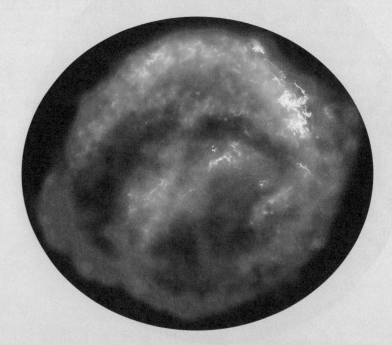

开普勒超新星

首先不得不遗憾地告诉你，超新星是一种华丽的自杀，是一些恒星在演化末期自发进行的一个谢幕，当一个衰老的大质量恒星的核无法再通过热核反应产生能量时，它将走向坍塌，在这个坍塌的过程中，释放出大量的能量，此能量可以与太阳在其一生中辐射能量的总和相媲美，同时恒星通过爆炸会将其大部分甚至几乎所有物质以超过十分之一光速的速度向外抛散。这个过程往往会持续几周到几个月。

超新星对于我们的意义之大或许你根本无法想象，这个遥远的亮光会和地球有什么关系呢？事实上，关系大了，没有超新星就不会有我们人类的存在。在宇宙创立初期，大爆炸产生了许多轻气体，比如氢、氦还有少部分锂，其他的所有元素都是在恒星和超新星里合成的，超新星更多的是合成铁以后的元素，在恒星发生爆炸时，会释放出大量的热量——温度在一亿摄氏度以上，足以在核合成的过程中产生较重的元素，所有合成的新元素被释放到宇宙中，成为一些星体形成的原料。

永远不要想太阳附近有超新星的爆炸，尽管那会是极其美妙的天文奇观，爆炸的光芒洒向大地，但是同时，当它抵达地球的时候，所有生命将面临的则是世界末日。还好这种事儿发生的几率很小，因

**超新星的命名**

超新星的名字是由发现的年份和一至两个拉丁字母所组成：一年中发现的前26颗超新星会用从A到Z的大写字母命名，如超新星1989B就是在1989年发现的第二颗超新星；而第二十六以后的则用两个小写字母命名，以aa、ab、ac这样的顺序起始。而历史上的超新星则只需要按所发现的年份命名，如SN 1054（天关客星）、SN 1572（第谷超新星）和SN 1604（开普勒超新星）。

星际探秘——
高科技与宇宙

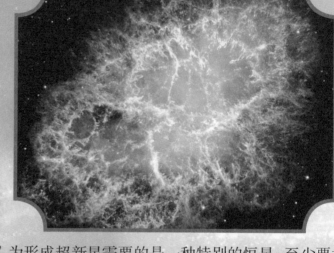

发现超新星年龄最小的人是加拿大10岁女童凯瑟琳·格雷。这个小女孩和业余天文学家、父亲保罗在加拿大阿比里奇天文台观测星星，还拍摄了大量鹿豹座的星图。在仔细观察这些照片时，他们发现了一颗以前从未被标注过的明亮天体，那是一颗超新星。

为形成超新星需要的是一种特别的恒星，至少要太阳的10到20倍那么大，我们周围没有那样的星球，而且，宇宙是个大地方，最近的符合条件的恒星也离我们很远。

最早的超新星是中国人在185年12月7日发现的，最亮的一个超新星也是中国人发现的，在1006年4月30日——位于豺狼座的SN 1006。在1006年的春天，人们甚至有可能能够借助它的光芒在半夜阅读。在《宋史·天文志》卷五六中记载为："景德三年四月戊寅，周伯星见，出氐南，骑官西一度，状如半月，有芒角，煌煌然可以鉴物，历库楼东。八月，随天轮入浊。十一月复见在氐。自是，常以十一月辰见东方，八月西南入浊。"不过到了现代，超新星被人更多地发现，仅仅在2008年，就发现了278颗超新星。2007年发现了584颗, 这些发现者有专业人士, 也有天文爱好者。但是超新星发生的频率并不高, 原因还是那个, 宇宙是个大地方。

▼ 超新星爆炸的光芒可以湮灭地球上的一切

# 飞天信使——水星

罗马神话中有这样一位神,他头戴一顶插有双翅的帽子,脚穿飞行鞋,手握魔杖,行走如飞。他是医生、旅行者、商人和小偷的保护神。除此之外还担任诸神的使者和传译。他的名字叫墨丘利(Mercury),可就是这样一位小偷的保护神竟然与美丽的水星同名。据说是因为水星在天上运行的速度很快,而墨丘利的速度在神界也无神可以与之匹敌。

水星

早在公元前3000年的苏美尔时代，人们便发现了水星。古希腊人赋于它两个名字：当它初现于清晨时称为阿波罗——人们所敬仰的太阳神的名字；当它闪烁于夜空时称为墨丘利(Mercury)——我们的飞天信使。古希腊的天文学家们其实早就知道这两个名字属于同一颗星星，只因水星独特，不时地出现在太阳的两侧，因而赋予了它两个别致的名字。

众所周知，水星是离太阳最近的行星，所以它的公转速度也最快，而且是八大行星中轨道偏离正圆最远的行星。水星的表面很像月球，由于受到无

你听说过水星凌日吗？比起日食，它的风姿可是一点都不逊色哦！它出现的原理与日食是一样的，是水星、地球、太阳三点一线所造成的光影现象。由于水星的轨道是倾斜的，并未和地球的轨道在同一个平面上，所以平均每100年只出现十二三次。

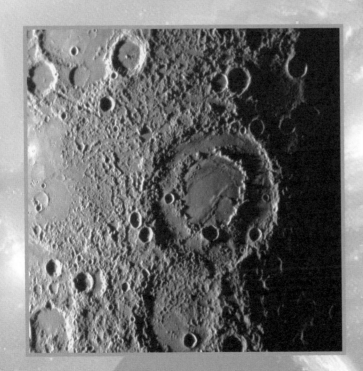

▶ 水星表面的环形山

由于太阳光太刺眼，观测水星凌日必须借助望远镜或者烧电焊用的黑玻璃，也可以用 X 光底片或电脑软盘的磁片，几张重叠起来制成眼镜。这样你就能清晰地看到一个黑色的小圆点横向穿过太阳圆面。

数次的陨石撞击，到处坑坑洼洼。水星上也有许多环形山，不过有趣的是，水星上环形山的名字并不如月球上的环形山——多数是以天文学家的名字命名，水星上的环形山多数是以文学家的名字来命名的，据说是因为天文学家的名字大多数都刻在了月球上，不得已才把文学家也搬上太空，中国的李白、鲁迅等15位文学家托水星的福，将永远接受阳光最温暖的洗礼。

▲ 水星是距离太阳最近的行星

　　你以前可能觉得磁场没什么大的用处，不过实际上，对于一颗行星来说，磁场的有无绝非小事。就拿地球磁场来说，它构成了地球上生命的保护伞，帮助抵挡有害的太阳射线和其他宇宙射线，从而造就了生命的乐园。不过并不是每一颗行星都有这样的好运气，整个太阳系的所有行星中，除了地球之外唯一拥有显著磁场的行星就只有水星了。也正因为这个原因，有人甚至认为，如果地球毁灭了，人类还可以在水星建立一个基地，以供我们继续生存。而且也有资料显示，水星上有水有冰，而且还有大气层。不过水星的大气层很稀薄，当然对于一颗离太阳如此近的行星来说，已经来之不易，因为温度过高，水星的大气层总是在不断地损失大气成分，它只能靠不断地捕获太阳辐射的粒子，才能维持下去。但是说到底人类在水星上建立基地显然是不理想的——它面向太阳的一面温度太高，而背向太阳的那一面温度又太低。再说了，根据它那坑坑洼洼的皮肤也知道，住在上面并非是一件安全的事。

　　不过研究表明，水星上有大量的铁，人类若技术过得了关，能去水星窃些铁回来用倒是一件美事。

# 受人尊敬的谷神星

德墨忒尔在西方是最受欢迎的神祇，在西方所有的神庙中，德墨忒尔的神庙数量最多，她是希腊神话中的丰产和农林女神，掌管着植物的生长，孕育着地上的生命。她教人们以耕种，施土地以肥沃，给大地以生机。她还是唯一一个愿意住在人间的天神，愿意为人类负起责任。德墨忒尔掌控着世间万物的命运，欧洲诸国习惯把她的象征"麦穗"印在钱币上，来祈求人民安康、国库充盈。除此之外，她还有一个儿子——财富之神普卢托斯。

德墨忒尔

在火星和木星中间的小行星带内，有着这样一颗天体——谷神星，它也被称为德墨忒尔，正式名字是小行星1号，它是太阳系内最小的矮行星，也是唯一一颗处于主带的矮行星。矮行星是介于行星和太阳系小天体之间的一种天体，冥王星也属于这个范畴。谷神星的质量是小行星带内最大的，占了所有小行星重量的1/3；不像其他的小行星质量小重力小而产生不规则的形状，它的外表呈现球形；在哈勃望远镜的观测之下，它的表面具有不同的反照率，由此得出它具有复杂的地貌特征。

它的表面存在着大量的水冰和水合矿物的混合物，除此之外，还有含铁量很高的黏土以及碳酸盐矿物。另外，在它的表面上留下了一些历史的痕迹，由于它距离太阳很远，太阳辐射对它的影响不大，在它的形成过程中还保留着一些低熔点的成分。这颗星球的内部已经出现了分化，有岩石化的核心和以冰为主的地函。在厚约100千米的地函中，储存了2亿立方千米的冰，比地球的淡水总量还要多，它的表面有可能存在液态水海洋。根据计算，天文学家推测它有冰质的地幔和金属内核，在它的内部还可能有挥谷神星的归类经过了多次的更改。约翰·波得认为谷神星是处于火星和木星之间的一颗"失踪行星"。谷神星还被赋予了一个行星的符号，在更多小行星被发现之前，谷神星以行星之名存在于天文学里将近半个世纪。后来陆续发现了许多的天体，威廉·赫歇耳创造出小行星这个词来称呼这些天体，作为第一颗被发现的小行星，它被小行星编号系统称为小行星1号谷神星。

发性物质。相对其他小行星来说，谷神星的表面相对温暖，面向太阳时的最高温度曾经被估算为-38℃。

这颗星球有着极其微薄的大气。在一般情况下，距离太阳5AU（AU是天文学上的长度单位，相当于149597871千米，大约是地球到太阳的平均距离，也写作au、a.u、ua。）之内，天体表面的水冰暴露在太阳的辐射之下是很不稳定的，极易升华，当冰水从谷神星的内部迁移出表面后，会在极短的时间内逃逸，人们也曾经在谷神星的极地发现过有水泄露的痕迹，也曾在其北极发现由太阳辐射的紫外线分解水而产生的氢氧化物。

谷神星的发现过程辗转经历了好几位科学家，而且对于它的分类也更改过多次，它的命名也几经坎坷。它的位置最早是由提丢斯预测出的，后来被皮亚齐首次观测到，后来人们又在天空中找不到它的痕迹了，这时数学家高斯站了出来，他创造出一种新的行星轨道计算的理论，算出了谷神星的轨迹，又指出它在何时何地出现，后来德国的奥伯斯根据高斯的预言，再次发现了谷神星。

最初皮亚齐提议命名为"刻瑞斯·费迪南

多"，来自罗马神话的谷神和西西里国王，但没有被采纳，又曾被提名为"赫拉"，在希腊它被称为Δήμητρα（德墨忒尔），即谷神的意思，后来采纳了ceres是从拉丁文的所有格cereris转换得来的。

矮行星也叫"侏儒行星"，它的体积介于行星和小行星之间，同样围绕着太阳运转，它的轨道上还有其他天体，但不是它的卫星，目前对它的定义还不明确。

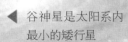

◀ 谷神星是太阳系内最小的矮行星

# 荧惑火星

最近几年有一句话很流行：地球太危险，你还是回火星吧。这句话最早见于周星驰的电影《少林足球》。火星不像其他星球那样距离我们的生活那么远，实际上随处可以发现火星这个词在生活中的烙印，比如火星文，火象星座，或是畅销书《男人来自火星，女人来自金星》。火星的英文名是 Mars，在罗马神话中掌管着战争与瘟疫，在中国它还有一个美丽而神秘的名字"荧惑"，意为"荧荧火光，离离乱惑"。在占星上，火星的含义并不好，象征着残、疾、丧、饥、兵等恶象，在西汉的时候，甚至因为这种星象而赐死宰相。

火星要比地球小很多

火星有着橘红色的诱人的外表，这是它地表的赤铁矿造成的，火星上有着在地球上永远无法想象的雄伟的沙丘，或许任何越野车或者全地形车都没有勇气冲向那一道道的沙梁。在地表还有遍布赭色的砾石，堆积如山的赤铁矿，凝固的熔岩流。在火星上的大风使整个星球弥漫在沙砾之中，持续数个星期不散。火星距离地球很近，而且它与地球在太阳系最为相像，都有卫星，都有沙漠，南北两极也都有白雪皑皑的冰冠，只不过火星上那一抹雪亮是干冰。

我们之所以这么热衷于火星，是因为在火星发现水存在的痕迹，生命源于海洋，有水就有生命的可能，在火星两极的冰冠上和火星大气中含有水分，甚至在远古时期，火星上的水量大到可以汇聚成一个个大型湖泊甚至海洋，就像是散落的银盘。现在在火星上可以看到许许多多纵横交错的河床，或许就是当时流水的见证。事实上在2000年，美国科学家在南极洲发现了一块火星陨石。这块陨石由碳酸盐组成，美国国家航空航天局在这块陨石上发现了

近日在火星上发现了一处神秘地形，它呈不规则的椭圆形，就好像一个伤疤，位于火星的赤道附近。这个陨坑形成最合理解释是一个小行星以非常小的角度擦过这个区域。这个陨坑长约 380 千米，宽约 140 千米，或许是多年以来的地质结构变化和挤压的作用，使得陨坑的边缘处发生了变形，边缘高高地突起，比周围的平原还要高 1600 多米。而且在陨坑边缘有像峡谷样的裂缝。

▲ 火星表面遍布赭色的砾石

那是在40多亿年以前，火星的气候条件还是相当不错的，类似于现在的地球，有河流、有湖泊，甚至还有可能存在海洋，由于未知的原因使得火星变成今天这个模样。因此探索火星气候变化的秘密对保护地球有着借鉴意义。

一些类似微生物化石的结构，这或许就是火星生命存在的凭据，但是同时，也有人认为这只不过是自然生成的矿物结晶体。

火星比地球小很多，它的半径约是地球的一半，它的体积为地球的15%，质量是地球的11%，由此可以看出火星的密度很小。科学家在火星的地下发现了大量的冰水和冰川。就如同一个隐秘的地下水库。火星上有峡谷也有火山，"水手谷"蜿蜒4000千米，它是远古时期洪水和火山共同作用的结果。火星上的火山奥林匹斯山是太阳系中最高的山峰；约有三个珠穆朗玛峰那么高，高达27000千米。火星上还有两颗自然卫星，形状不是很规则。火星也有四季，只不过时间要长一倍。

火星上有层稀薄的大气，主要由二氧化碳组成。火星离太阳较远一些，日照也少，它的温度相应地就低一些，但由于缺少像地球一样的板块运动，无法进行碳的循环，二氧化碳无法回到大气中，因此就没有真正意义上的温室效应。火星的表面布满了撞击坑。它的南北半球的地形对比强烈：熔岩造就的北方平原，坑坑洼洼的南方高地，中间的分割明显，还穿插以火山、峡谷、洞穴。我们知道火星的内部结构与地球相似，都有壳、幔和核，但由于数据缺乏，科学家目前还不能确定出火星核的组成和大小。

第三篇
星际狂奏曲

# 宇宙的基础——暗物质

　　不得不承认，有的时候宇宙让我们感受到了太多的无力感，直到六十多年前，才由瑞士天文学家弗里兹·扎维奇在加州理工学院计算发现了占据宇宙大部分空间的暗物质。我们目前所认知的部分占4%，即重子(加上电子)，暗物质占23%，还有73%是一种导致宇宙加速膨胀的暗能量。其实这时我们仍然对暗物质知之甚少，但这一概念还是很快被大家接受了。暗物质促成了宇宙的形成，如果没有暗物质就不会形成星系、恒星和行星。

天文学家通过引力作用发现了暗物质

在宇宙学中，暗物质指那些不发射、吸收或者反射任何光及电磁辐射的物质。但是天文学家通过引力作用发现了它们，弗里茨·兹威基观测螺旋星系旋转速度时，发现星系外侧的旋转速度比牛顿重力预期的快，由此推测出必有数量庞大的质能拉住星系外侧组成，使其不致由于过大的离心力而脱离星系。

至于暗物质的组成，多少年来在科学界还存在着争议。科学家们认为暗物质由死亡的恒星、黑洞，以及其他的不发光的天体所组成，他们使用微引力

▲ 有科学家认为暗物质的形成与黑洞有关

2007 年，经过 70 位研究人员 4 年的共同努力，暗物质分布图终于绘制成功。我们得知，暗物质并不是无处不在的，它们只在某些地方聚集，而对另一些地方却不屑一顾。其次，将星系的图片与暗物质分布图重叠，我们会看到星系与暗物质的位置基本吻合。有暗物质的地方，就有恒星和星系，没有暗物质的地方，就什么都没有。它们是相辅相生的，暗物质似乎相当于一个隐形的、但必不可少的背景，供星系在其中移动。

透镜来探测这些物质，虽然解决了一些问题，但是还不足以解释宇宙中所有缺失的能量。在众多有可能组成暗物质的成分中，最热门的是一种被称为大质量弱相互作用粒子的新粒子。这种粒子与普通物质的作用微乎其微，以至于它们存在于我们周围，我们也从未探测到过。还有一种叫做轴子的新粒子的物质，也很有可能是暗物质的主要成分之一。同样在备选答案中的还有惰性中微子。

为了方便区别，人们将可能的暗物质分为三个大类：冷暗物质、温暗物质、热暗物质。这个分类并非指粒子的真实温度，而是依照其运动的速率。热表示在早期宇宙之中这些粒子的运动速度极高，接近于光速。冷则表示它们在早期宇宙之中的速度要小得多。

暗物质并非仅仅存在于科学家的计算中，事实上我们已经有一些证明它存在的有力证据，在2006年，美国天文学家利用钱德拉X射线望远镜对星系团1E 0657–558进行观测，无意间观测到星系碰撞的全过程，星系团碰撞威力巨大，使暗物质与正常物质分开，由此发现了暗物质存在的直接证据。

除此之外还有一些专门针对于暗物质探测的直接实验。一般实验装置都置于地下深处，借此排除宇宙射线的背景噪音，目前大部分的实验主要使用两种探测器：低温探测器、惰性液体探测器。低温探测器工作在低于-237℃的环境下，用以探测粒子撞击锗等晶体接收器所产生的热。惰性液体探测器则是用来探测液态氙或液态氩中粒子碰撞产生的闪烁。

有两种暗物质你一定听说过：黑洞和中微子。黑洞你一定熟悉，中微子是轻子的一种，它的运动速度接近光速。

▼ 宇宙中暗物质分布的三维图

# 无处不在的暗能量

　　曾经有人说：有多少暗能量专家，就有多少暗能量模型。这似乎是有点夸张了。但是几乎没有人能否认，这个占据了宇宙大部分空间的奇怪的家伙的重要性，1979年的诺贝尔物理学奖得主斯蒂芬温·伯格说过这样的话："如果不解决暗能量这个'路障'，我们就无法全面理解基础物理学。"另外一位诺贝尔物理学奖的获得者李政道也曾经断言："暗能量将是21世纪物理学面临的最大挑战"。

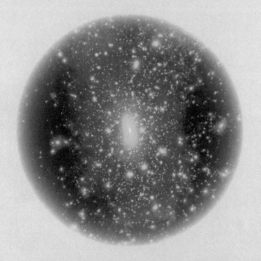

我们对暗能量还知之甚少

　　暗能量这个词实际上是有些误导的，它其实是宇宙之中一种我们目前还不了解的物质形态，我们称它为暗能量。但其实它不是真正的能量，它的性质并不符合我们物理世界基石之一的热力学的三大定律，我们对于它知之甚少，但是它却可能是推动宇宙的终极能力，决定着宇宙的未来。

要是说起暗能量的发现，就要从很早很早以前讲起，早到137亿年前，那个被我们所熟悉的"The Big Bang"。让我们回忆一下那个瞬间，万物从无到有，或许科学家给那个时刻起上这么个名字是模仿爆炸发出的声音，但是即使你在远处观看到了那场大爆炸，你也是听不到那声巨响的，理由不是因为你距离得不够近，而是宇宙，即使是婴儿时期的宇宙，没有传播声音的介质。让我们继续随着大爆炸继续向前，大爆

宇宙金字塔——我们所熟悉的世界，即由普通原子构成的一草一木、山河星月，仅占整个宇宙的4%，相当于金字塔顶的那一块。下面的23%，则为暗物质。这种物质由未知的粒子组成，既不参与电磁作用，也无法用肉眼看到。但它参与引力作用，因此仍能被探测到。作为塔基的73%，则由最为神秘的暗能量构成。无处不在，无时不在，但是我们对其却知之甚少。

▲ 宇宙中暗物质分布的三维图

索尔·佩尔马特、布莱恩·施密特和亚当·里斯因为通过暗物质的研究发现宇宙是加速膨胀的而获得2011年的诺贝尔物理学奖。

炸发生之后，随着时间的推移，宇宙的膨胀速度本该因为物质之间的引力作用而逐渐减慢，你可以想象你见到过的烟火，已经开散出去的火花总是要比中心的速度小些。对于地球来说，距离地球近的星体本应该比距离远的星体远离地球的速度要快很多，但是事实却不是这么回事儿。

在1998年，三位教授通过观测超新星发现自己的观测结果与传统理论相悖时，花费了几周的时间检测了所有步骤，但是没有发现任何错误，他们开始相信这是对的：宇宙是在加速膨胀的。其中的一位

▲ 三位教授获得2011年的诺贝尔物理学奖

教授还做了一个比喻,当你把孩子的身高刻在门框上,每一年都会高出一截,这就是宇宙。

大概是在大爆炸后的不到50亿年里,宇宙之间悄然产生了这么一种力量,它并不是宇宙之初就有的,但是它是怎么产生的谁也回答不了,这种能量显示出负压力的特性,它慢慢抵消着引力,在50亿至60亿年前超越引力。自那以后,宇宙从减速膨胀,转变为加速膨胀状态,并且一直持续至今。它之所以有这么大的力量,是因为它竟占了宇宙结构中73%的比重。这种神秘物质众多谜团之一是它还具有密度不变的特征,它随着时间的推移并不会被稀释,而就像是可以在真空之中被创造出来一样,填补着宇宙膨胀后留出的空间。

现在再让我们来想想宇宙加速膨胀的结果,世界上最聪明的科学家说了,包括地球在内的整个宇宙最终都将会变成冰。你肯定不禁要问这是真的吗? 很遗憾,回答是肯定的。我们现在的宇宙已经是在加速地膨胀了,而且速度越来越快,再过上千万亿年的时间宇宙的密度将会越来越小,所有产生光和能量的星体也都相继死去了,那时候的宇宙会是冰冷一片、黑暗无边。

# 白洞喷泉

《道德经》中有一言曰："有无相生，难易相成，长短相形，高下相盈，音声相和，前后相随。"意义不言而喻。那么既然有不断吸食各种物质的黑洞，是否就存在不断释放物质的白洞呢？

理论上，白洞不断向外喷射物质

白洞是广义相对论预言的一种与黑洞相反的特殊天体，其性质与黑洞正好相反。虽然同黑洞一样，白洞有一个封闭的边界，但白洞内部的物质可以经过边界发射到外面去，而边界外的物质却不能落到白洞里面来。因此，白洞像一个喷泉，不断向外喷射物质。

预言总归是预言，事实上对于白洞是否存在，在科学界也颇有争议，这些关于白洞的性质也是科学家们根据理论推想出来的。虽然根据广义相对论及其他相关的观点，白洞理应藏在某个我们不知道的地方，但是由于长期的观测研究也没有寻觅到白洞的芳踪，所以谁也无法肯定白洞一定存在在某个时空的隐蔽处。

　　一般认为白洞存在的科学家对于白洞从何而来大概有三种看法。有些科学家认为白洞是宇宙大爆炸时期残留的致密核心，它在大爆炸时期并没有完全释放自身的能量，因而在接下来的几十亿年里开始缓慢的释放——就像是当年爆炸镜头的N倍放慢。不过这一观点现在已经越来越站不住脚，因为，白洞外部的时空性质与黑洞一样，白洞可以把它周围的物质吸积到边界上形成物质层。只要有足够多

广义相对论是爱因斯坦1915年以几何学语言建立而成的引力理论，该理论认为：在处于均匀的恒定引力影响下的惯性系所发生的一切物理现象平移和一个不受引力场影响的但以恒定加速度运动的非惯性系内的物理现象完全相同。直白一点，就是我们在地球上受地心引力影响下不断往下摔和我们在太空中以恒定加速度向前飞效果是等效的，只是不过前者是摔死而后者是饿死罢了。

▲ 有科学家认为白洞和黑洞是通过虫洞连在一起的

星际探秘——高科技与宇宙

最近科学家证明了黑洞其实是有可能向外发射能量的，也就是说我们所设想的白洞有可能就是黑洞的一部分。

的物质，引力坍缩就会发生，导致黑洞形成。如果白洞真是那时留下的，那恐怕也早就成了黑洞。

而另一些科学家则认为，白洞黑洞其实是连在一起的，虫洞就是它们的通道，黑洞在一边吸收着物质，而白洞则在另一旁释放着物质。它们的关系好像是一个喷泉，黑洞是电动抽水机，为白洞提供源源不断的水，而白洞则是喷头，每天每夜释放着水花，浇灌着漫无边际的宇宙。这种观点随着近来的一些研究越来越被人们所接受。不过也还有一些人认为，白洞的深处必然隐藏着另一个宇宙，白洞不眠不休地释放着的也是另一个平行宇宙的东西。当然，另一个宇宙里也会有类似于黑洞的东西，为白洞提供物质源。至于那个宇宙长什么样，谁也不知道，也许真如有些幻想所言，存在着与我们的世界一模一样的世界呢！又或者说是如艾莉斯的魔镜世界一样诡异的时空……

还有一些科学家则认为白洞其实就是黑洞生命的一个过程，也就是说当黑洞吸食外部物质，坍缩后其质密程度到达某一个度时，它便不再坍缩了，而是进行一个倒退式回放，将吃进去的东西再一点点吐出来，而此时的黑洞便成了我们所说的白洞。这一说法显然也有其道理，不过到底哪种观点更加具有说服力还要看宇宙学说将来的发展，根据现今的科学水平，关于白洞还只能是秘密。也许在不久的将来，白洞的神秘面纱就会被我们揭开，不过这一过程势必需经历千难万险。

▼ 也有科学家认为白洞的深处隐藏着另一个宇宙

# 橙色的泰坦

泰坦不仅是古希腊神话中曾经统治世界的古老神族，也被用来命名太阳系中最令人惊奇的卫星——土卫六，在卡西尼土星探测器的帮助下，我们揭开了泰坦这颗橙色星球隐藏在厚厚大气下的面纱。

泰坦的体积居于地球体积和月球体积之间

在泰坦那里，有液态甲烷汇成的海洋，那里的春夏秋冬也持续数十年，那里几乎总是阴霾的天气，烟雾弥漫着几乎看不清太阳和土星，远处的南部湖区大雨倾盆。我们看泰坦就好似看地球年轻的时候。由降雨汇成的溪流冲刷出交错纵横的河道，在赤道附近的沙漠上你能看到你所能想象出的最美大漠红日，沙海几百米的沙丘延伸万里，丝毫不逊色于地球上最大的沙丘，只不过这种"沙子"是由碳氢化合物所构成，看起来就像是咖啡粉。

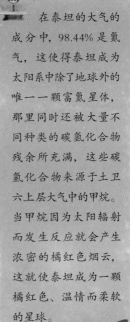

探测卫星测控室的人在看了泰坦的照片上"认"出了加利福尼亚的海滩，法国的美丽海岸，甚至有人说泰坦就像自己家的后院，只不过在那里，液态的甲烷代替了水，冰块作为岩石存在着，还刮着已经持续几个世纪的风。泰坦的有机物还是非常丰饶的，甚至有人说，泰坦就是一个巨大的有机物工厂，这也难怪，因为在其表面已探明的几个湖泊所蕴含的有机物能源已经是地球上已知的石油天然气储量总和的数百倍了。这些有机物是构成泰坦气候和地质结构的物质，也是研究它的一个巨大切入点。

在泰坦大气表面温度是-179℃，大气层中除了甲烷还蕴含有大量碳氢化合物，包括乙烷、丁二炔、

在泰坦的大气的成分中，98.44%是氮气，这使得泰坦成为太阳系中除了地球外的唯一一颗富氮星体，那里同时还被大量不同种类的碳氢化合物残余所充满，这些碳氢化合物来源于土卫六上层大气中的甲烷。当甲烷因为太阳辐射而发生反应就会产生浓密的橘红色烟云，这就使泰坦成为一颗橘红色、温情而柔软的星球。

橙色的泰坦

土卫六没有磁场的保护,当它运行到土星的磁气层外时,就直接暴露在太阳风之下,从而导致了大气电离,并在大气上层释放出一些分子。

乙炔、丙烷以及二氧化碳、氰、氰化氢和氦气等等。在它表面还有一种有机物沉淀叫做tholin,这是一个专有名词,tholin起到的是沙丘或土壤的作用,相当于我们的黑色黄金"煤炭"。

泰坦对于生命的诞生的探索也有着不可替代的作用,我们知道,碳是生命的基础,碳元素的各种有机化合物构成了生命的基础。在土卫六上存在的大量有机物中,碳元素占的比重最多,因此土卫六是揭开生命起源的一个关键性因素。在泰坦的大海之中,或许就有人类还未探明的碳元素的更高级形态。

而土卫六的大气层又印证了这一看法。科学家分析认为,土卫六上蕴含很多的甲烷,甲烷是一种强有力的温室气体,当甲烷从液态的湖泊和海洋逃逸到土卫六的大气层时,由于化学作用,土卫六的大气层温度会发生改变。这种变化和早期地球的大气层非常相似,同时土卫六大气中还有一氧化碳和二氧化碳的痕迹。在存在液体水,同时大气层温度又会发生变化的条件下,生命很有可能产生。因此,最新的证据和实验证明,土卫六不仅是一个蕴含能源的星球,也是一个诞生生命奇迹的星球。

美国宇航局的专家表示，在泰坦大气层中探测到的氢气被吹拂到表面的时候就没有了，这或许就是被泰坦上的某种生物消耗掉了，除此之外，泰坦表面还缺乏一种化学成分，有人推测这种物质的缺乏是因为某种生物的消耗。如果那真的是生命的话，就是发现了一种以甲烷为基础而不是以水为基础的新的生命形式，这是多么让人激动的事啊。

▼ 泰坦是土星最大的卫星

# 虫洞以及时间旅行

时间旅行在科学上一直被认为是异端邪说，但是这一元素却被广泛地应用于电影之中，无论是对于另一个时代的惊奇还是杀死祖父的悖论，无论是执着于一段感情去追溯曾经的恋人，还是回到过去去营救伙伴，时间旅行的魅力无时不在吸引着大众。同时通过它，你会牢记，过去已然是过去，无法改变，你所仅仅能做到的是，把握现在。

穿越虫洞，进行时间旅行

如果你有一台时间机器，你会做什么呢？或许回到贝尔发明电话的时刻，敲开贝尔先生的门，对着贝尔太太说："贝尔太太，我们是贝尔先生的崇拜者，请问能不能让我见证一下电话的发明，"或许

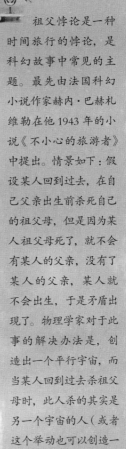

这时，贝尔太太会举起拖把然后高声大叫你神经病吧。或许到宇宙的中心，去揭示宇宙的奥秘。不过要是验证我们的想法是否可行，我们还得以物理的眼光来看时间。

虫洞的概念首先由爱因斯坦提出，简单地说，"虫洞"就是连接宇宙遥远区域间的时空细管。暗物质维持着虫洞出口的敞开，在霍金看来，我们的周

祖父悖论是一种时间旅行的悖论，是科幻故事中常见的主题。最先由法国科幻小说作家赫内·巴赫札维勒在他 1943 年的小说《不小心的旅游者》中提出。情景如下：假设某人回到过去，在自己父亲出生前杀死自己的祖父母，但是因为某人祖父母死了，就不会有某人的父亲，没有了某人的父亲，某人就不会出生，于是矛盾出现了。物理学家对于此事的解决办法是，创造出一个平行宇宙，而当某人回到过去杀祖父母时，此人杀的其实是另一个宇宙的人（或者这个举动也可以创造一个新的平行宇宙），而此人的"祖父"或"祖母"的死只会使那个平行宇宙的此人不再存在，而这个平行宇宙的此人则平安无事。

▲ 爱因斯坦最早提出虫洞概念

97

星际探秘——高科技与宇宙

还有一个方式能让你穿越到未来，这种方法要求可真不高，只要你跑得足够快就可以，究竟要多快呢？接近光速就成，不知道那些田径运动员小时候有没有时空穿越的梦想啊。

围就遍布着虫洞，只是它们小到我们无法看见，让我来打个比方，当你在看一个玻璃球时，只要你距离足够近，你会发现它并不光滑，会有褶皱和瑕疵在其中。这是基本的物理法则，在三维空间中适用，当然同样适用于第四维空间——时间了。

在时间中其实存在着细小的裂痕、褶皱和瑕疵，不过这种细小的裂痕甚至比分子原子还要小。不过它确实是现实存在的，这个区域被我们称为量子泡沫。就是在这个区域中，会接连出现连接两个独立地点和不同时间的微型的时空隧道和捷径——这就是虫洞。不过这个隧道可能只有$10^{-33}$厘米那么大，所以遗憾的是人类不能通过，不过在理论上，人类还是有把握住一个虫洞并把它扩大到一个人或者一艘宇宙飞船那么大的机会。

事实上霍金曾经对于时间旅行做过一个实验，他准备了一个聚会邀请时间旅行者，他印了足够多的邀请函以至于未来的人能看到其中的一张，如果他们能够时间旅行的话，那么他们就可能来参加霍金的聚会，但是结果却让人失望，没有人能来参加霍金的聚会，最重要的原因不是在未来没有办法能扩大虫洞，也不是客人都被X射线和伽玛射线烤焦，而是虫洞存在的时间实在是太短了，短到无法进行穿越。如果你对回到过去失望了，那么不要完全气馁，至少还有穿越到未来的可能，不相信吗？证据就在我们的头顶。

　　在我们的上空环绕着地球存在着许多的全球卫星定位系统，简称GPS，每一个都装有一个相当精密的钟，让我们惊奇的是，每一个钟的时间每天都要快走上十一分之三秒，系统必须纠正这个误差，否则会导致地面的定位系统出现问题。

虫洞是连接宇宙遥远区域间的时空细管

你听说过红色警戒系列游戏吗？你还记得游戏里最富杀伤力的武器——磁暴线圈吗？它只由一个感应圈、四个大电容器和一个初级线圈仅几圈的互感器组成，然而它的威力却足以一次性灭掉敌军机动性强的坦克。当然磁暴线圈并不代表磁暴，它这里的所谓磁暴不过是这些电容器所释放的电波，事实上按它的强度根本算不上是磁暴，不过磁暴的威力从这里还是可见一斑的。

▶ 磁暴会对地球产生影响

磁暴是怎么产生的呢？当太阳表面活动旺盛，特别是在太阳黑子极大期时，大量的带电粒子进入地球空间，并被地磁场捕获。由于粒子增多，环电流也增强。环电流产生的磁场与地磁场叠加，使得地磁场的水平分量发生很大变化——这便是磁暴。也正因为磁暴是由于大量的带电粒子进入地球空间所引起的，而这些带电粒子与地球的大气层摩擦又会形成美丽的极光，所以在磁暴期间，极光也会增多，而且比往常更加绚丽多姿。

磁暴并不是什么十分稀罕的现象，事实上它在我们生活中出现的频率几乎和满月一样高，只是它不易被发现，一般的磁暴都需在地磁台用专门的仪

从19世纪30年代C.F.高斯和韦伯建立地磁台站观测地磁场开始，人们就发现了地磁场经常有微小的起伏变化，但一度认为是地球磁场本身过于调皮，直到1859年9月1日，英国人卡林顿在观察太阳黑子时，用肉眼首先发现了太阳耀斑。而恰巧第二天地磁台又记录到了700纳特的强磁暴。人们才知道是我们一度冤枉了地磁场本身，而事实上一直以来都是太阳在作怪。

▼ 磁暴期间，极光也会增多

虽然说月圆之夜没有磁暴来得恐怖，但温馨提示一下，有人认为由于月球引力潮对人体内液体的作用，月圆之夜出生的婴儿畸形率比平常要高得多！不过这一观点的科学根据还尚不充分。

器做系统观测才能发现。不发生磁暴的月份是很少的，如果刚好碰上太阳活动增强，你可能一个月都能与磁暴有几次交集。

磁暴虽然无形，但磁暴对我们生活的影响却十分大。最常见的就是干扰短波无线电通讯以及干扰各种磁测量工作。不过这实际上还只是磁暴干扰我们生活的冰山一角。有些恐怖小说经常拿月圆之夜说事，类似于月圆之夜生个怪胎的故事层出不穷。其实月圆之夜并没有那么可怕，不过要是你的孩子是在太阳活动频繁的时期，也就是磁暴光临的时候形成的，那就有些危险了。国外专家研究，太阳活动所产生的物理效应及有害辐射，会使生殖细胞的畸变几率增大。因为，太阳黑子在爆发时会放射出强烈的紫外线、高能带电粒子流和X光辐射，以及引起磁暴。这一系列的改变对人的身体会造成很大冲击，尤其对生殖细胞的影响更大。会阻碍受精卵的着床及生长发育，使获得高智商小宝贝的几率变小，甚至导致出生后智力不良。不仅如此，磁暴还会导致空气中的电磁波增多，从而影响孕妇的身体健康。由此可见磁暴并非善类。

不过不论如何，磁暴虽然给我们带来了那么多不好的影响，但不可否认的是，人类自己也在做着伤害自己的事，我们的微波炉、无氟冰箱、抽油烟机、电烤箱和电视机等等都在废寝忘食地消损我们健康的身体，既然如此，我们又有什么资格埋怨磁暴呢，它至少还给我们带来了美丽的极光。

▼ 电视机也会释放电磁波

# 当垃圾飞上天

宇宙垃圾这个词是从"space debris"翻译过来的。在法语里debris是破烂、瓦砾、残骸的意思。这些破烂飞到太空中就成了宇宙垃圾，你可别小瞧这些破烂，在宇宙中的威力可不小，航行的时候你最好期望别遇到它，它的速度极快，要是撞上了，轻者给你来个凹坑，重者性命难保。

地球正在被太空垃圾包围

随着航天技术的发展，给人类带来许多方便的同时也使得宇宙不再是那么干净安全的地方了，这从近些年来关于太空垃圾撞击的事件就能够得知。宇宙垃圾的来源大致有三部分：一是已经停止使用的卫星等物体，比如空间站解体后就形成了的碎片；二是运载火箭的残骸，火箭箭体在完成任务以后会在太空成为宇宙垃圾以及卫星等；再有就是航天员不小心遗落在太空的物品，如太空行走时遗落在宇宙的螺母等工具，还有比如1965年宇航员爱德华怀特进行太空行走时所遗失的手套。

国际上根据太空垃圾的尺寸将其分为三类：大于10厘米的大碎片，介于1至10厘米之间的小碎片和尺寸小于1厘米的微小碎片，它们分别有几万片几十万片和几千万片。这些碎片以28164千米的时速围绕着地球高速飞行，威胁着卫星的安全运行，而且也提高了空间任务的风险性，更令人担忧的是，这些垃圾已经满到"临界点"，随时会相撞，而相撞又会带来更多的碎片，这些碎片万一撞到了航天

凯斯勒现象或者碰撞级联效应是由美国科学家唐纳德·K·凯斯勒于1978年提出，这是一种理论假设。该假设认为当在近地轨道的运行的物体的密度达到一定程度时，这些物体在碰撞后产生的碎片能够形成更多的新撞击，形成级联效应，这就意味着近地轨道将被危险的太空垃圾所充满。由于失去了能够安全运行的轨道，在之后的数百年内太空探索和人造卫星的运用将变得无法实施，而人类将被困在地球。

▲ "奋进号"航天飞机的散热器曾经被太空垃圾击穿

星际探秘——
高科技与宇宙

宇宙有如此大的威力主要是源于它们的高速飞行。一个在太空中仅与鸡蛋相似大小的碎片，撞击的能量足与一辆以时速50千米行驶的重型卡车相当。而一颗仅直径为0.5毫米的金属微粒，能够戳穿舱外航天服，就连人们肉眼都无法辨别的尘埃，都能使航天员殒命。

飞行器，轻则留下凹坑，重则造成航天器部分功能失效，甚至更为灾难性的结果。

自1973年以来，每年都有数百块太空垃圾坠落到地球。但是它们在大气层与空气的摩擦作用下自燃而亡了。我们很幸运，迄今为止还没有大型的垃圾坠向地球，因此太空垃圾也从未伤人。2011年，有一颗公交车大小的美国失控卫星坠落地球，还好是落入了海中。在2009年，人类发生了有史以来第一次近地轨道人造卫星碰撞事件。碰撞发生在美国铱卫星公司的铱星33号和属于俄罗斯的Kosmos-2251卫星之间。这次碰撞毫无疑问地产生了大量由卫星残骸组成的太空垃圾。在2005年，美国雷神火箭推进器的遗弃物，与中国6年前发射的长征四号火箭CZ-4碎片相撞。而在2011年6月，国际空间站由于受到太空垃圾的威胁，宇航员不得不躲避到联盟号宇宙飞船上去避险，好在最后有惊无险。

一个接一个的险情使得国际社会对于太空垃圾的问题越来越重视，有人提出要制定太空上的交通规则，有人提出让卫星在失效前就主动离开轨道，还有人建议发射专门用于清理太空垃圾的清洁车……但是对于太空垃圾，最好的办法就是

减少它的增加，无论从技术方面还是费用方面来

说，预防比治理的成本都要低得多。

▼ 运载火箭升空后坠落的推进器燃料箱

# 国际空间站

　　提出国际空间站是在1983年，美国和苏联正在冷战，两家势均力敌，不分伯仲，那时候的美国总统里根突然抛出个星球大战的计划，这可把苏联给急坏了，航天计划赶紧挨个上马，但是其实这时候，随着国防费用的骤增，美国的财政赤字和通货膨胀率达到了新高，整个美国进入了经济萧条的阶段。而星球大战计划更多的是对苏联的虚张声势，借旷日持久的、耗资巨大的太空武器竞争，把苏联的经济和政治拖垮，而事实上，的确做到了。国际空间站的构想就是在这个背景下提出来的。

"礼炮1号"空间站

　　空间站最早是由苏联提出并实施的，在1971年4月19日，苏联发射了世界上第一个空间站"礼炮1号"，之后又发射了礼炮系列的6个空间站，太空飞行因空间站的出现而进入了一个新的阶段。随着冷战的结束，世界上一些大投资、高风险，又对人类有着重大意义但仅凭一国之力难以承担的科学研究项目逐渐走向国际合作，国际空间站就是这样的项目。由美国、俄罗斯、日本、欧洲航天局、加拿大等国共同建造，计划耗资将超过630亿美元。

冷战结束后，美国政府把早已束之高阁的国际空间站计划从柜子里拿出来。拍了拍灰，就这上面的内容开了几个会，然后联合了几个国家，想把这个计划再起个名字，然后甩开胳膊干些事，本来想命名为阿尔法，结果这个名字里带有的"创始"和"第一"的含义让俄罗斯很是不快，于是作罢。这之后各个

宇航员看似风光，但是你知道这个职业对身体的影响吗？回到地球后，很多宇航员会出现白内障眼病，到目前已经有39个宇航员患上了这种疾病，他们中的36人做过登月飞行，发病时间大致是执行任务之后的四五年，长时间的宇宙射线会严重地伤害人类的眼睛。而且月球表面的低重力环境和太空飞行的高重力环境会对人的心血管系统、免疫系统、神经系统、骨骼肌肉系统造成危害性的影响。

▲ "和平号"空间站

星际探秘——高科技与宇宙

2011年10月6日，苹果公司创始人乔布斯去世。国际空间站的宇航员随即深切缅怀乔布斯，看来他们的生活其实并没有那么遥远，那么不食人间烟火。实际上，它的确不远，国际空间站所处的轨道属于低地球轨道，也就是近地轨道。

国家都开始忙活上了，直到1998年，15个国家的代表坐在一起再次商量这个事，大家商量了一下，然后签了一个协议，这时候计划才正式启动，距离当时提出已经过了十五年。当然，这份协议美国占了绝对的主导地位。

从1998年开始装配，到2004年装配完成，费了不少事，也费了不少的时间，好在结果还不错，然后将各个国家的太空舱运输装配上去，大家都想上去总得有地方住啊，现在的太空站最多的时候住过6个人，这么费劲建的太空站实际上能用的时间并不长，2020年以后它就会光荣下岗，直接落入大海。宇航员吃的用的，还有做实验用的各种设施等都是通过专门的运输机运载，有航天飞机、"联盟号"飞船，"进步号"货运飞船。自从"哥伦比亚"航天飞机出事以后美国就停止了航天飞机的任务，这就大大地压缩了国际空间站的科研活动，主要只能通过俄罗斯的"联盟号"飞船来承担任务，所有的太空游客乘坐的可都是"联盟号"。

国际空间站现已基本落成。它的主要功能是作为在微重力环境下的研究实验室，研究领域包括生物学、人类生物学、物理学、天文学、地理学等。宇航员在空间站上除了做实验还干点什么呢，其实他们能干的还挺多，比如太空行走，出去处理空间站遇到的一些问题，美国的宇航员洛佩斯·阿莱格里亚和苏尼特·威廉斯曾经做了七个小时的太空行走来进行一场电力抢修，除此之外，在太空上还可以进行电视直播，美国宇航局的网站上甚至有宇航员在空间站上的实时直播。

国际空间站

# 哈勃之膨胀的宇宙

哈勃

尽管科学家们经常有些怪癖，比如离群索居痴迷于炼金的牛顿，甚至为了研究原著他顺便学了希伯来语；腼腆过度的卡文迪许，他的管家都要以书信方式和他交流；虽然才华横溢但却道德败坏的欧文，他经常篡夺别人的发现……尽管如此，对于天文学家来说，哈勃得算得上一个异数，关于他的一生的结局，真可谓是有些神秘了，不知道出于什么原因，他的妻子在他死后秘不发丧。要是怀念他的话，就抬头看看那个天文望远镜吧。

无论从什么角度来看，哈勃都是个令人瞩目的人，他年轻的时候是个出色的运动员。仅仅在一次运动会上就赢得了撑杆跳高、链球、立定跳高、铅球、铁饼、助跑跳高、接力跑的冠军。他时尚优雅，英俊潇洒，极富传奇，在表演赛中把世界冠军级别的拳击手轻松打倒在地，带人穿过法国战场，轻松地考上芝加哥大学，又被选为牛津大学首批罗兹奖学金获得者，然而这些都算不上什么，有关他的传奇真正开始在他把头伸向天文望远镜的时候。

那是在1919年，也就是通过日食证明了爱因斯坦引力的那一年，实际上哈勃仅仅比爱因斯坦小十岁。那时人们对于宇宙的认识可怜到仅仅知道银河系，在洛杉矶附近的一个天文台找到一份工作之后，哈勃着手研究宇宙最基本的问题，宇宙的范围有多大，虽然通过红移我们能知道星系通过的速度，但是我们没有一个已知的星系作为参考，我们不知

XINGJITANMI—GAOKEJIYUYUZHOU

哈勃伟大的成就值得用什么来纪念，于是在1990年4月24日发射的空间望远镜（Hubble space telescope;HST）以哈勃为名，它是设置在地球轨道上的反射式天文望远镜，通光口径有2.4m，对于研究行星的形成、行星的死亡以及星系的演化、暗物质的测量都起到了至关重要的作用。

▶ 哈勃利用望远镜测量宇宙的大小

哈勃常数是哈勃定律中河外星系退行速度同距离的比值，它是一个数值，常用 H 来表示，单位是千米/秒·百万秒差距，一般认为 H 值应在 50～75 之间。

道它们离我们有多远，幸运的是不久前哈佛大学的才女莱维特想出一个好办法，她通过比较造父变星在天空不同角度的大小，计算出它们之间的相对位置，哈勃将这种方法与斯莱弗的红移结合在一起，开始有选择地测量宇宙中的点，直到1924年，他发表了一篇具有划时代意义的论文《漩涡星云里的造父变星》，证明出了仙女座里代号为M31的薄雾状体根本就不是气云，而是大片的恒星，那本身就是一个星系，这说明宇宙不仅仅有银河系，而且更重要的是，宇宙比人们想得要大得多。

这还远远没完，伟大还得继续。随后哈勃开始思索宇宙究竟有多大这个基本问题，他发现远方星系的谱线均有红移，而且距离越远的星系，红移越大。简单地解释一下红移，当你静止时，一个物体高速向你移动，你会听到尖锐的声音，随着声源走远，声音就不那么尖锐了，这个尖锐的声音是由于受到接收者的阻碍，声波被抬高所导致。我们知道，光也是一种波，同时有这种现象，对于离我们远去的星体，我们称之为红移，因为离我们远去的光是向光谱红段移动，反之是蓝色。由此可以得知：星系看起来都在远离我们而去，且距离越远，远离的速度越高。这也就是著名的哈勃定律。哈勃常数就是星系的速度与距离的比值。这为宇宙大爆炸理论提供了有力的支持。

　　而奇怪的是在这之前竟然没有人想到这一点，一个静止的宇宙怎么可能长久存在，它必然会自行坍塌，除此之外，如果宇宙不是在膨胀的，恒星燃烧所放出的热就足够让整个宇宙成为炼狱，更不用说我们人类了。这时的我们还没有提出大爆炸理论，还要等几十年以后彭齐亚斯和威尔逊沾满鸟粪的天线滋滋作响。

哈勃空间望远镜

# 哈雷彗星那点事儿

彗星也就是中国人所说的扫把星。我们的祖先经常会把一些不祥的人或事归罪于它。在中国的历史典故中有很多关于星的传说：智多星下凡、文曲星下凡、太白金星下凡等等。而扫把星却从来没有听说过有下凡的，可能扫把星只不过是天庭打扫卫生时报废了的扫把而已，更可气的是玉皇大帝不负责地把这些报废的扫把扔到人间！如果你觉得自己事事不顺，恭喜你——你定是被天庭的破扫把砸中了。

世界七大流星雨除了鼎鼎大名的猎户座之外，还有狮子座、双子座、英仙座、金牛座、天龙座以及天琴座。这些流星雨在每年中的各个季节来袭地球，为我们带来视觉盛宴。

哈雷彗星

哈雷彗星是历史上第一颗被观测到的彗星，它每76.1年绕太阳一周。同其他彗星一样，"哈雷"由冰冻物质和尘埃组成。当它接近太阳时，太阳的热就会使它部分蒸发，在彗核周围形成朦胧的彗发和一条由稀薄物质流构成的彗尾。由于太阳风的压力,彗星的彗尾总是指向背离太阳的方向,形状类似扫把。这样一来,彗星便被无辜地冠上了"扫把星"的称号。

众所周知,彗星哈雷得名于英国著名的天文学家哈雷,不过,关于哈雷彗星的纪录,最早和最完备的却都在中国。据《淮南子·兵略训》记载。武王伐纣时期,就有一次明显的彗星光临的记录。不过那时候的人们并不认为这颗漂亮的小天体和噩运有什么关系,反而因为那一次的彗星,彗核向东,而彗尾

▼ 猎户座流星雨

彗星分裂后产生的流星体与地球的大气层相摩擦便会形成梦幻般的流星雨。但你一定想不到，能形成如此美妙景象的彗星自己却是个又脏又丑的家伙！据科学家观测彗星的彗核长得十分的难看。真真就是一个烤糊了的土豆。表皮裂纹累累，皱皱疤疤，其脏、黑程度令人难以想象。

向西，聪明的殷商人便抓住这一特征，说："柄在东方，可以扫西人也"。阴差阳差，"扫把"便也成了天命的传达者。

还记得道明寺给杉菜的流星吗？——耀眼如杉菜眼里的泪花。你遇见过流星雨吗？你渴望一睹它的风采吗？不管你有没有碰见过，你都一定会渴望在漫天的流星雨下享受那无边的浪漫。不过你知道吗？大多数的流星雨其实都是由彗星破碎后形成流星体与地球大气层摩擦而形成的。哈雷彗星作为彗星界的老前辈，受它的影响而形成的流星雨——猎户座是世界七大流星雨之一，每年10月，地球便会进入哈雷彗星轨道，给人们带来一场视觉的盛宴。

除了猎户座流星雨之外，由哈雷彗星所制造的流星雨还有不太为人知的厄塔流星雨，这个流星雨是在地球的公转轨道与哈雷彗星轨道第二次相交所形成的。1910年，哈雷彗星再次回归，由于轨道相交，哈雷彗星很有可能与地球相撞，于是许多地方都开始举行世界末日集会，人们怀着不可遏止的恐惧，等待着末日的来临。5月19日，也就是地球与彗星轨道相交的时间，人们惶恐不安地等待着上帝的审判，但结果当然是可想而知的，地球安然无恙地穿过彗尾！哈雷只给我们带来了美丽的厄塔流星雨而并非什么世界末日。原因在于彗尾是比实验室里制造的真空更为空虚的稀薄气体，除了流星外，它也再没有能力给我们带来别的什么惊心动魄的事情。

　　每年的10月份是猎户座流星雨到来的时候，若你有心，愿意在秋夜里静候哈雷给我们带来的礼物，说不定在猎户座的流星雨下能把你想许的愿望都许了哦！

▲ 厄塔流星雨

# 未知的黑洞

　　人们关于黑洞的知识就像"黑洞"这个词被我们赋予的除其物理以外的意义一样——几乎是一无所知。偶尔有一些自以为是的撰稿者，写一些毫无科学根据的关于黑洞的幻想，更是增加了我们对黑洞的误解。而事实上，黑洞的神奇之处并非如安徒生童话那样简单。漫画书或者科幻小说经常有一些关于人们穿越黑洞到达另一个与我们的世界几乎一模一样的世界里的故事。那些编写这种小说的作家们，还真是把黑洞当成洞了。然而事实上，科学家根据测量黑洞对周围天体的作用和影响，得知黑洞实际上是一种密度高到难以想象的物质。说它是"黑洞"，主要是指它就像宇宙中的无底洞，任何物质只要接近它，就不能逃脱被吸食的命运，哪怕是光也不能幸免。

宇宙中大部分星系
都隐藏着黑洞

　　根据科学家的估测，黑洞很可能是由恒星演化而来的，就如白矮星和中子星形成的过程一般。当一颗恒星衰老，再也没有足够的力量来承担起外壳巨大的重量时，在外壳的重压之下，核心便开始坍缩，最后形成体积小、密度大的星体。质量小一些的恒星主要演化成白矮星，质量比较大的恒星则有可能形成中子星。而根据科学家的计算，若中子星的总质量大于太阳质量的三倍了，那么它则极有可能引发另一次大坍缩，这样的大坍缩使得物质不可阻挡地向中心点进军，最终成为一个体积趋于零，而密度则趋于无限大的点——这便是传说中的黑洞。

　　宇宙中的大部分星系，包括我们居住的银河系的中心都隐藏着一个超大质量的黑洞，虽然每一个黑洞的质量轻重不一，但至少都有100万个太阳质量那么重。它们不同于别的星体，人们无法直接观察

XINGJITANMI—GAOKEJIYU YUZHOU

　　黑洞的分类除了文中所提到的之外，也有物理学家根据黑洞本身的物理特性质量、角动量、电荷来进行划分。他们将黑洞分为以下四类：不旋转不带电荷的黑洞、不旋转带电荷的黑洞、旋转不带电黑洞及一般黑洞。以这种标准划分似乎比前一种划分更容易理解。但实际上，要探究这四种黑洞中任何一种在这四种中的个性与共性，都是一个巨大的工程。

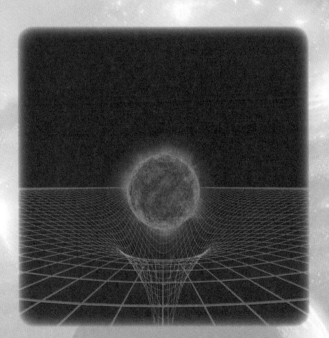

黑洞可以吸食任何靠近它的物质

虽然说让我们相信吞噬一切的黑洞内部存在生命的确有点难，不过，俄罗斯宇宙学家维切列夫·道库恰耶夫却觉得这是有可能的，他认为黑洞内部的环境条件是适合生命存在的，他还认为，拥有"超级文明"的外星人可能已存在于黑洞里。

到它们，只有当这些狡猾的"猎物"聚拢周围的气体产生强烈的辐射时，才会被天文学家这些精明的猎人所发现。猎人们根据猎物的不同特征将黑洞分为两类：一类是暗能量黑洞，由高速旋转的巨大暗能量组成，是星系形成的基础；另一类则是物理黑洞，由一颗或多颗天体坍缩而成。同样也具有巨大的能量。两者的最大区别在于，暗能量黑洞内部并没有巨大的质量，而且体积也比物理黑洞大得多。但不管是哪一类黑洞，其最基本的特征还是相同的。

由于它们非比寻常的质量，任何物体靠近黑洞都会被吸进去，理所当然，既有了纳入，那支出也是不可避免的。黑洞们在不断"吸食"各种星球时，也会释放出一种叫伽马射线暴的纯能量射线，也正是因为这一属性，作为恒星衰竭后坍缩而成的死星，科学家们推测——也有消逝的一天。物理学家迪芬·霍金就曾说过这样的话："黑洞会发出耀眼的光芒，体积会缩小，甚至会爆炸，最后消逝！"

# 第四篇
# 星空合奏曲

# 幽冥之火——极光

因纽特人相信任何东西都有灵魂，当因纽特人凝视眼前的大地时，在他脑海里映现的并不是一片呆滞的景物，而是一系列充满了神迹、充满了超自然现象的令人激动的世界。山川、泥土、树木、云雾、冰雪、狂风等的自然事物都包含着各自的意志和可以运动的力量。他们认为"极光，是鬼神引导死者灵魂上天堂的火炬"。

极光

长久以来，极光形成的原因一直是众说纷纭。临近极地的原住民们曾经以为极光是宇宙中烧来的天火，还有人认为，极光是太阳落山后反射回来的晖光，更不靠谱的推论是极光源自白天冰雪吸收的

光晚上再放出来。经过科学家们的研究表明，地球上的极光是由太阳带电粒子进入地球的磁场中激发了高层大气的原子，使其电离所致的。它产生的条件有三，缺一不可，即：大气、磁场、太阳风。而且这种现象不是地球所独有的，其他一些具有磁场和大气的星球也存在着极光。

在地球上我们观看到的极光的颜色主要有绿色和红色两种，这是为什么呢？原来和地球大气的组成成分有关，大气中最主要的是氮气和氧气，它们受到太阳释放的带电粒子的撞击而发出不同颜色的光，要知道每一种气体都会发出不同的光，我们把这独特的光称为气体的"光谱"，比如说昏黄的街灯就是钠气发出的光，五彩的霓虹是混合了其他气体的氖气发出的光。其实极光的产生原理和灯很相

XINGJITANMI—GAOKEJI YU YUZHOU

极光虽然美丽。但是这种电磁辐射常常会搅乱无线电和雷达的信号。极光产生的强力电流，也可以影响到电话线和微波的传输，使电路中的电流局部或完全"损失"，甚至使输电线受到严重干扰，从而使某些地区暂时失去电力供应。引起极光现象的磁暴对载人宇宙飞船也有危害。

▶ 从太空看极光

星际探秘——
高科技与宇宙

在北极附近的阿拉斯加、北加拿大是观赏极光的最佳地点，特别是在阿拉斯加的费尔班，一年之中有超过200天的极光现象，也因此被称为"北极光首都"。观测极光的最佳时刻是晚上10点到凌晨2点，有些时候可持续1小时左右。

似：气体、电离和磁场。只不过极光是在更为广大的空间内罢了。在电离层，太阳粒子和氧气、氮气原子相碰撞，氧原子发出的是绿光和红光，氮原子发出蓝光、紫光。由于电离程度不同以及气体的密度等原因，我们主要看到的是绿光和红光。

一般来说，极光依据型态可分为四种，分别是弧状极光、带状极光、幕状极光、放射状极光。极光最常出没的地区是在南北磁纬度67°附近的两个环状带区域内，这两个地区也分别称作南极光区和北极光区。北半球以阿拉斯加、加拿大北部、西伯利亚、格陵兰冰岛南端与挪威北海岸为主；而南半球则集中在南极洲附近。

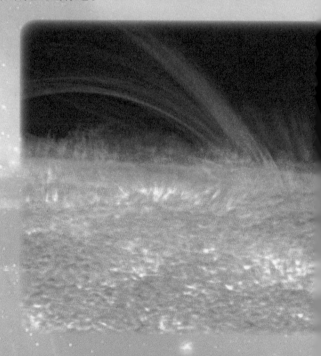

　　其实你不用跑到那么远才能看到极光，在中国的有些地方也有一定的可能，看极光需要满足的条件并不多，简单来说就三条：处在一个足够高的磁纬；有足够强的地磁活动；天气晴朗。但是到底能不能看到极光更多的还是要碰运气，大致说来，我国的东北地区、内蒙古大部、北疆处在磁纬约35度以北，这些地区都有大小不等的几率能够观测到极光，但是除此之外，还要考虑到地磁活动和太阳活动，因为太阳活动的不确定性，因此"夏至前后的九天是观看极光的最佳时期"这种话当然就没有可信度了。

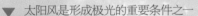

▼　太阳风是形成极光的重要条件之一

# 金乌玉兔一相逢
## ——日全食

日全食的发生在古代所代表的意义是上天对人类的警示，白昼变成黑夜是不祥中的不祥，在《诗经·小雅·十月之交》中写道："十月之交，朔月辛卯。日有食之，亦孔之丑。"意思是说，十月初一辛卯日，天上有日食发生，这是不祥的征兆。这时的皇帝经常会举行一些祭天的活动或者是静思己过，来平复上天的愤怒。

日全食

或许只有像日食这样的天文现象能对世间产生如此之大的影响，直到现在人们对于它的热情依旧不减，但是现在，日食早已没有了古代的政治意味，

而是充满了娱乐性。日食的发生是源自月球运行到一个特殊位置所导致的，这时月球在地球和太阳之间，挡住了太阳射向地球的光，就好像是太阳的一部分甚至全部都消失一样。日食这种现象总的来说比较罕见，要不然古代的皇帝和司天监就都要惨了。在任何一个地点平均每隔370年才能看见一次日全食。持续的时间也不过只有几分钟。超过七分钟的日全食更是千年一遇。

日食分为四种：日全食、日环食、日偏食及全环食。日环食最为罕见，只有在地球表面与月球本影尖

日全食的形成可以算得上是个偶然，地球与太阳的距离大约是地球与月球距离的四百倍，而且太阳的直径大小也恰好是月亮直径大小的四百倍。月球在地球上的影子，正好可以遮住整个太阳，日全食由此得来。但是日食其实是一个暂时的天文现象。由于潮汐加速，月球环绕地球的轨道实际上是逐渐远离地球的，具体来说是以每年增加3.8厘米的速度远离。在六亿年以后，月亮已经不能遮住太阳，同时，太阳也在扩大，这同样影响了日食的观看。

◀ 日偏食

星际探秘——高科技与宇宙

《爱因斯坦与爱丁顿》是BBC拍摄的一部记录电影，爱丁顿不顾两国的战事极力推广爱因斯坦的理论。两位伟大的科学家远隔千里，超越国界、超越了战争而达成合作，最终改变了人们看待这个世界的眼光，从那一刻起苍穹移位物转星移。

端非常接近的情形下才会看到，与此同时，不同地区会出现日偏食、日全食和日环食等三种现象。日全食的研究价值比其他的都要高，是研究太阳大气的绝好时机，而且，发生于1919年的那次日食成就了爱因斯坦，爱因斯坦在1616年发表的相对论中预言：当光掠过太阳时，由太阳造成的时空弯曲会使得光线发生偏折。这个预言只有发生日全食才能检测出来。1919年爱丁顿和戴森带领英国皇家天文学会远征非洲观测日全食，从而证实了爱因斯坦的预言。

日食开始后，月球渐渐遮挡住太阳。当太阳即将被月亮挡住的那一瞬间，由于月球表面有起伏不平的山峰，在边缘处会呈现一串犹如珍珠般夺目的亮点。这被称为倍利珠，接下来太阳整个会被月亮遮挡住，天空变得昏暗，这时太阳周围出现一个淡红色的光圈，这就是太阳的色球层。有的时候会看到从太阳表面伸出的粉红色日珥，甚至还有羽毛状日冕。这些都是平日里肉眼难得一见的场景，在日食的时候却都可以很清楚地观看。

中国是世界上最早观测日食的国家之一，有关日食的记录也是各个国家之中可信度最高的，我们在夏朝就有了关于日食的记录，公元前2137年的"书经日食"是世界上最早的日食记录。在观看日食的时候千万要注意保护眼睛。汉朝的时候，有人发明了将水盆盛满，隔着水观看日食的方法。此法的升级版是将油代替水来进一步地减弱强烈的太阳光。在现代这个问题就变得不再是问题了，可以使用专门用于观测太阳的滤光片，还可以佩戴护目镜。至于一些太阳眼镜、曝光的底片等减光的效果都不尽如人意。为了眼睛的安全，一定要做好防御措施，如果直视太阳过久会造成视网膜被破坏而影响视力甚至失明。

▲ 日环食

# 陪你去看流星雨

　　在西方古代有这样的传说，天上每一颗星星坠落都代表一个生命的陨落，灵魂升上天堂，把愿望带给上帝。或许正是因为这样的传说，人们将划过天际的流行视为愿望的信使，抱着对美好的憧憬，在它面前苦诉衷肠。不知道这些星星是否真的能听见，也不知道他们是否也有自己的愿望。

流星雨粒子划过天空

对于流星的观测历史要追溯到夏朝，当然也是中国人最早观测并记载的，《竹书纪年》上说："夏帝癸十五年，夜中星陨如雨"，这就是关于流星最早的记载。更为详实的记录是在《左传》上："鲁庄公七年夏四月辛卯夜，恒星不见，夜中星陨如雨。"这时是公元前687年。流星的产生是由于外部空间的灰尘、碎片、颗粒甚至彗星在划过大气层时与地球的大气摩擦生热，产生的热量使得这些颗粒气化，在这个过程中发光而成为流星。这些尘埃颗粒被叫做流星体。

在一场流星雨中，我们看到的流星雨的粒子划过天空的轨迹是平行的，而且它们的速度也相同，

你听说过用收音机来观测流星吗？你并没有看错，是收音机，而不是望远镜。这种方法不用考虑天气原因，而且更为简单易行。因为流星的痕迹是电离的气体，它可以反射超短波，将地面传来的超短波信号反射到更远的地方，所以当你突然听到一个平时收听不了的电台，或许就要好好感谢流星了，但是这样接收的超短波持续的时间不长，所以如果想以这种方式监听流星的话一定要好好把握。对于收音机的选择上，一定要有较高的灵敏度，还要选择合适的电台，之后就是环境因素，最好没有强烈的电磁波的干扰，在电台信号接收后，可以对声音的强弱，持续的时间进行记录。也可以后期通过软件来做更具体的分析。

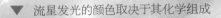
▼ 流星发光的颜色取决于其化学组成

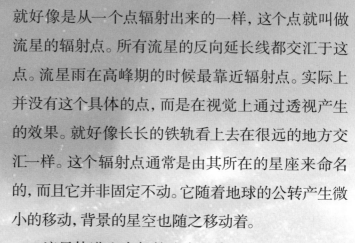

除了拍照片外，你还可以对流星的观测做些记录，可以记录单位时间内划过的流星数，还可以记录流星的亮度。

就好像是从一个点辐射出来的一样，这个点就叫做流星的辐射点。所有流星的反向延长线都交汇于这点。流星雨在高峰期的时候最靠近辐射点。实际上并没有这个具体的点，而是在视觉上通过透视产生的效果。就好像长长的铁轨看上去在很远的地方交汇一样。这个辐射点通常是由其所在的星座来命名的，而且它并非固定不动。它随着地球的公转产生微小的移动，背景的星空也随之移动着。

流星体进入大气的速度很快，这就是我们所看到的流星转瞬即逝的原因，那么微小的流星体产生的光在几百公里远都能被观测到的原因也和它的高速有关。当流星体划过大气时，与大气分子撞击，一些分子发生电离，被电离的电子再次被原子俘获时就会发光。流星发光的颜色取决于其化学组成，每种原子电离产生的颜色都不相同，这有点像焰色反应，就比如，钠发黄光，钙发紫光。大部分的流星只是悄然地划过，不发出一点声音，但是也有例外，如火流星划过时就可能会听到声音。

流星雨的规模也不尽相同，历史上最为壮观的是狮子座流星雨，它也被称为"流星雨之王"。在1833年11月发生的狮子座流星雨，是历史上规模最大的一次，每小时下落的流星多达35000个。就好似雨一样密集。在流星雨的观测方面也有许多要注意的地方。首先你要认识到的是，大部分的流星雨并不密集，有的一个小时也观测不出几个。流星体的化学组成不同，所产生的光芒也就不同，只有那些比较明亮的流星能被我们观测到。观测的数量还取决于你所处的位置，在城市中自然是比较不容易观测到，环境越暗效果越好。

▶ 1883年11月发生的狮子座流星雨

# 奇怪的卫星们

仅就太阳系而言，已经发现的卫星就有一百三十多颗，这些多种多样的卫星让宇宙这个又大又寂寞的地方变得充满神秘又趣味十足。虽然在个头上，卫星不得不向行星俯首称臣。但是它们却有着异乎寻常的个性，有一些卫星自身的复杂程度甚至不亚于行星，比如土卫六。还有一些则可能是孕育生命的温床，例如由冰壳覆盖的木卫二。宇宙是个大地方，哪怕是最小的卫星都有着未解之谜……

土卫八有点像我们熟悉的太极

地表遍布的硫磺坑、终日笼罩的强辐射、不断喷发火山的大地，还有能冻住二氧化硫的严寒，造就了木卫一太阳系中炼狱的美名。木卫一是狂躁而富有激情的，从地底突然涌出的力量往往让你猝不及防，有时竟然绵延万米。木卫一的表面散落着翻滚蒸腾着气泡的熔岩湖，其中最大的直径超过200千米。火山的喷发有时极为剧烈，羽状气体、尘埃云经常会因此向太空延伸出几十万米。

如此激烈的火山活动归结于木卫一的位置，由于木卫二和木卫三经常与木卫一排成一条线，当木卫一围绕木星运行时，木星会因为"潮汐加热"而升温，这温度可以融化岩石造就火山。但是因为木卫一的轨道正在逐渐变圆，经历着冷却的过程。在往后的亿万年里，这兄弟三个的轨道共振很可能会渐渐瓦解，此后，木卫一的火山也将最终睡去。

卫星是指在围绕一颗行星轨道并按闭合轨道做周期性运行的天然天体或人造天体。如果两个天体的质量相当，它们所形成的系统一般称为双行星系统，在通常情况下，两个天体的质量中心都处于行星之内。在太阳系中，已经命名的卫星超过了170颗，但是要想知道太阳系中究竟有多少颗卫星还需要界定，因为目前还没有卫星最小尺寸的规定，如果连在轨道里的那些小碎石都算上，估计数字就大得吓人了。

▼ 木卫一被称为太阳系中的炼狱

星际探秘——高科技与宇宙

海王星最大的卫星海卫一在太阳系里可以称得上是温暖，但是其温度还是在200℃以下，它的表面含有包括了水、氮和甲烷在内的各种各样的冰。当太阳将氮蒸发的时候，就会出现火山的喷发，它甚至还有季节的变化。

土卫十八和土卫十五的形状在这个大宇宙也真可谓独特，要知道大多数卫星的外形不是中规中矩的球形，就是还不成气候的碎石，而这两兄弟的形状就好像是外星人的宇宙飞船，如同你看见过的任意科幻电影里的飞碟一样，它们这古怪的形状目前人类还不能对其作出解释，它们快速的自转已然足以将它们压扁，但是这还不足以解释它们的形状。

土星的卫星中，土卫八也是相当的特别，它有点像中国人信奉的古代哲学的形象解释——太极，它表面的颜色一半明亮一半阴暗。它的黑色区域是公转的时候从太空获得的，而白色则是因为水蒸气在星球表面形成的一层霜，除此之外，土卫八的赤道上还有一条巨大的山脉，使得它就好像一个核桃，科学家表示，这是由于星球早期的高速运动所致。它还有一个特点就是它的组成，大约80%是冰，剩下的是岩石。

木卫二、土卫二和海卫一看似毫无生机，暗淡无光，冰冷彻骨，但它们其实是太阳系的卫星中，最活跃的几个，甚至适合生命的存在。在木卫二之下，或许可能存在一个液态的海洋，如果海洋一直深入到星球的核心，那么海底的热喷口就能提供营养物质供一些微生物食用。土卫二的南极会喷出水蒸气和气体，一些在星球上凝固使其穿上银装，成为了太阳系中最白的天体。其余的则会逃逸到太空，环绕着土星。

海卫一在太阳系里可以称得上是温暖

XINGJITANMI——GAOKEJI YU YUZHOU

很多人都在心中有过一个飞天梦，去探索太空的神奇。透过宇宙飞船的小窗深情地凝望这颗宇宙之中绝无仅有的、蓝色的、脆弱的星球，将它的迷人之处尽收眼底。或许只是想感受一下失重的快乐，摆脱重力随意移动。然而很遗憾，只有极少部分人才能有这个机会踏出地球，他们是各国培养出的航天精英，经过多年的培训而成的宇航员，负责各种航天任务和做一系列的实验。但是现在，普通人也有机会踏入太空，只要你足够有钱。

丹尼斯·蒂托是第一位太空游客

发展太空旅游业，最早是为了解决航天研究所的资金缺口。但一旦做起来，人们发现，它还有让普通人参与到航天事业中的意义。尤其是较强经济实力的人，他们对航天的了解越多，参与航天的机会也越多。航天技术进步了，费用就会降低，迟早普通经济收入的人，也能去太空见识一番。

商业化的太空旅行源于丹尼斯·蒂托的创意，后来俄罗斯航空部门专门成立了一个"太空旅游"商业项目。这一趟行程有十天左右，花费不少于2000万美元，可即便如此，还是有不少人跃跃欲试，时至今日已经有7名太空游客通过这种方式登上太空。每名游客都必须接受严格的体检，还要经过训练，训练的内容包括对于失重环境的适应，一些仪器的操作和使用，掌握一些应急方法等等。

第一位太空游客是来自美国的丹尼斯·蒂托，他坚称自己为独立研究者而不是游客，不过他的确曾经从事过航天方面的研究活动，他曾担任美国太空总署的喷气推动实验室工程师，从事过无人航天飞行的研究。还参与了火星和水星探测飞船飞行轨道的设计。第二位游客是南非的商人马克·沙特尔沃思，他当时仅有29岁，他是电子商务安全防护系统方面的翘楚，商务上也十分成功。第三位也是来自美国，商人格雷戈里·奥尔森。第四位太空游客是

科学家不高兴：太空旅行既可以满足一些富豪的愿望，又可以增加航空部门的收入，那么何乐而不为呢？科学家这时候不高兴了，给人类发出了警告。美国最新研究表明，十年来的商业太空飞行对全球气候和温度变化产生破坏性影响。新一代的太空船释放的大量黑烟将使地球极地区域温度上升1摄氏度。因为用于亚地球轨道飞行的航天器需要使用特定的燃料。这种燃料产生的黑色烟灰将明显地改变全球温度。这项研究同时暗示1年之内抵达同温层的1000架私人火箭将改变臭氧层的循环和产生，在短短的10年内将使气候出现显著变化。

**星际探秘——高科技与宇宙**

美国人的会开在靠谱和不靠谱之间，一个严肃的星际旅行讨论会，除了物理学家、高级工程师外，还会出现科幻小说作家，不过有的时候作家的确能带来一些出其不意但又有执行性的点子。国防部高级研究计划署召开会议，正式将人类的星际旅行计划加入日程。这可能会花上百年的时间，但是梦想毕竟是梦想。

这几人中唯一的女性，她是伊朗裔美国企业家阿努什·安萨里。除此之外，太空游客还有被称为word之父的西蒙尼，美国游戏开发商理查德加里奥特（《创世纪》就是他开发的，顺便说一句，他还有一个宇航员老爸）等等。

▲ 阿努什·安萨里是唯一的一位女性太空游客

　　如果你拿不出2000万美元但是还是想畅游一番的话，没关系，还是有方法可以实现你的梦想的。太空旅游至少有4种途径：飞机的抛物线飞行、接近太空的高空飞行、亚轨道飞行和轨道飞行。你可以花上5000美元来一次抛物线式的高空飞行，至少能感受到半分钟的失重；如果你的钱再多一点，你可以试试接近太空的高空飞行，这个高度上你已经能看到地球的曲线和头顶黑暗的天空，你将体会到一种无边无际的空旷感和孤独感，人类渺小如斯。亚轨道飞行能体验到几分钟的失重，费用大约10万美元。轨道飞行才是真正的太空旅行，上述的三种其实都不够货真价实。

▲ 维珍集团研发的太空飞机，将用于太空旅游

# 我们的太阳系

自古以来人们就从未间断过对于太阳的赞美，从驱逐黑暗，给人以温暖，到普照万物，协助植物生长。说到太阳，我们会想到第欧根尼对亚历山大说过的话："不要遮住我的阳光"；会想起巴尔蒙特的诗歌："为了看看阳光，我来到世上"；我们也会想到帕瓦罗蒂的歌声："o sole, o sole mio"。但是，你知道这个以太阳命名的星系是怎么形成的吗?

太阳系位于银河系之中

要了解太阳系，首先我们要来介绍一下太阳系这个宇宙的居民居住的地理位置。太阳系位于银河星系之中，银河系是一个直径为100000光年，拥有大约两千亿恒星的棒旋星系，我们所居住的太阳系居于银河外围的一条漩涡臂上，这条漩涡臂被称为猎户臂或本地臂，太阳距离银河中心有25000至28000光年，这个位置避免了有潜在危险性的超新星密集区域，也远离了恒星聚集的中心，减少了地球受到彗星撞击的危险，使得地球有一个稳定的环境得以孕育生命。

太阳系是以太阳为中心，是所有受到太阳的重力约束天体的集合体，包括8颗行星、至少165颗已探明的卫星、5颗已经辨认出的矮行星（冥王星、谷神星、阅神星、妊神星和鸟神星）和数以亿计的太阳系小天体。这些小天体包括小行星、柯伊伯带的天体、彗星和星际尘埃。

广义上，太阳系的领域包括太阳，4颗类地行星，由许多小岩石组成的小行星带，4颗充满气体的巨大外行星，充满冰冻小岩石，被称为柯伊伯带的第二个小天体区。在柯伊伯带之外还有黄道离散盘面和太阳圈，和依然属于假设的奥尔特云。

▲ 太阳系是以太阳为中心的

依照至太阳的距离，行星依序是水星、金星、地球、火星、木星、土星、天王星和海王星，8颗中的6颗有天然的卫星环绕着。在2006年8月24日，国际天文联合会重新定义行星这个名词，首次将冥王星排除在行星外，并将冥王星与谷神星和阋神星组成新的分类：矮行星。

大部分人对于太阳形成支持星云假说，这是1755年由康德和1796年由拉普拉斯分别独立提出，康德倾向于哲学层面，后者则更具有科学性。星云假说提出太阳系是在46亿年前从一个巨大的分子云的塌缩中形成的。这个星云原本就有数光年的大小，坍塌的同时诞生了数颗恒星。当星云开始塌缩时，它的自转速度加快，内部原子相互碰撞的频率增加，中心区域聚集了大部分的质量和能量，当重力、气体压力、磁场和自转同时作用在收缩的星云上时，它的体积开始压缩，变得扁平，成为旋转的原行星盘，并且其中心有一个炙热且稠密的原恒星——这就是太阳的雏形。

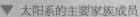

▼ 太阳系的主要家族成员

很久很久以后（这个很久要经历一亿年），在坍塌的星云中心，压力和密度已经大到使原始太阳的氢开始热融合，这一直会持续到流体静力平衡，使热能足以抗拒重力的收缩能，这时的太阳，才真正演化成为一颗恒星。由于经由吸积的作用，各种各样的行星将从云气（太阳星云）中剩余的气体和尘埃中诞生。在尘粒的颗粒还在环绕中心的原恒星时，行星开始了漫长的成长过程，然后慢慢聚集成1至10千米直径的丛集，又碰撞到了更大的个体，形成直径大约5千米的星子，在未来的上百万年中，经历无数的碰撞以每年15厘米的速度继续成长着……

我们知道了太阳系的来源，可你知道太阳系的去处吗？从现在算起再过大约76亿年，太阳的内核将会热得足以使外层氢发生融合，这就能导致太阳膨胀到现在半径的260倍，变为一颗红巨星。毫无疑问的是地球就此会灰飞烟灭，不过好在我们看不到那一天的到来，相信人类到时候一定已经想方设法移居出地球了，此时，由于体积与表面积的扩大，太阳的总光度增加，但是表面温度下降，单位面积的光度变暗。紧接着，太阳的外层被逐渐抛离，最后裸露出核心成为一颗白矮星，它极为致密的天体，只有地球的大小，但却有着原来太阳一半的质量。

# 星云——最美的天体

2009年2月，欧洲的一位天文学家从浩瀚的太空拍摄到了看似目不转睛的"上帝之眼"。照片十分清晰地显示了"上帝"蔚蓝色的瞳孔和白眼球，甚至还有四周肉色的眼睑。别惊慌，其实那只是由一颗昏暗的恒星吹拂而来的气体和尘埃形成的星云的靓影。

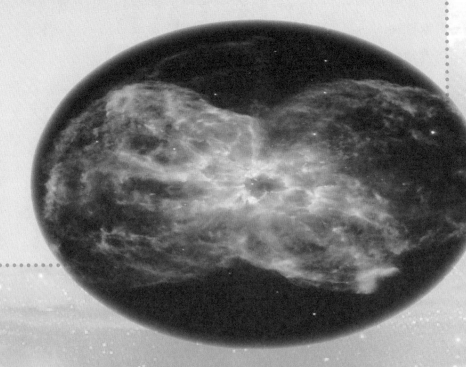

行星状星云

星云是由星际空间的气体和尘埃通过引力作用结合成的云雾状天体。星云里的物质密度是很低的，若拿地球上的标准来衡量的话，有些地方几乎是真空。不过它的重量却不可小觑，因为它的体积十分庞大，常常方圆达几十光年。所以它的重量要比太阳都重得多。

虽然是庞然大物，但是它却十分靓丽，除了上文所提到的"上帝之眼"以外，人们拍到的星云靓照数不胜数。比如美国宇航局拍摄到的一张暮年恒星形成的星云图像，由于该星云温度较高，颜色呈鲜红色，形状又酷似撅起来准备亲吻的嘴唇，所以一时之间引发无数人的青睐。

最初所有在宇宙中的云雾状天体都被称作星云。但这显然有些眉毛胡子一把抓。后来随着天文望远镜的发展，人们的观测水准不断提高，原来的星云才被划分为星团、星系和星云三种类型。

弥漫星云

星际探秘——高科技与宇宙

星云的数量十分庞大，早在 1715 年就有科学家为星云制表，用来对星云做系统的观测和研究，后来人们又不断通过观测来完善这一表，其中最有代表性的是威廉·赫歇耳和他的妹妹卡罗琳·赫歇耳 1786 年出版的一千个新星云和星团目录。

星云根据不同的划分标准可以分成不同的种类。根据发光性质可以划分为三种：发射星云、反射星云以及暗星云。发射星云是受附近炽热的恒星激发而发光的，这些恒星通过紫外线控制着星云的发光程度，而发光的颜色则取决于星云的化学组成，所以这一类星云往往绚丽多姿，是星云家族里面的美少女。而反射星云则靠反射附近恒星的光线而发光，它的温度比发射星云要低得多，所以这一类星云的颜色是单一的蓝色。再加上星云本身就呈烟雾状，反射星云就成了神秘的九天仙女。比反射星云更神秘则是暗星云了，顾名思义，暗星云是黑暗的星云，由于在星云附近没有亮星，所以它只好沉寂，既不能发光也没有光可以供它反射，不过来自任何方向的任何光线都会帮助我们揭开它的神秘面纱，尽管它发亮的时候很短，那些光消逝了，它的面纱也就又盖上了。

另一种比较常见的划分方式是以形态来划分，也可以分为三种：弥漫星云、行星状星云以及超新星遗迹。总地来说它们都是烟雾状的天体，不过在长相上稍有些区别罢了。弥漫星云没有明显的边界，就像是天空中的云彩；而行星状星云则与大行星有些相像，呈圆形、扁圆形或者环形。不过它与行星没有任何联系，只是样子略微有点像罢了。而超新星遗迹则是由超新星爆发后抛出的气体形成，这类星云的体积在不断地膨胀，最后将趋于消散。

　　有科学家认为，星云与恒星是密不可分的，恒星不断向宇宙空间释放气体，这些气体凝结太空中的尘埃一步步形成星云，而星云到达一定质量后，由于引力等关系又有可能再次坍缩成恒星，当然这只是一个猜测。不过不管星云到最后能不能成为能带来光明的恒星，单凭它美丽的身姿就足以让它在我们心中永存。

◀ 星云是由星际空间的气体和尘埃通过引力作用结合成的云雾状天体

# 天文摄影

天文摄影对装备的要求很高

如果你喜欢在夜里仰望那如同蓝丝绒上点缀着闪闪钻石般的星空，如果你还想将其记录下来，那么天文摄影是你的不二选择，几乎在法国人19世纪中叶刚刚发明了感光乳剂创造摄影术的时候，天文学家们就想到了将其应用于那片美得令人惊心动魄的星空上。随着感光材料的进步，随着相机的更新，随着整个时代向前的跃动，天文摄影也在不断进步，不断地拍出让人震撼的片子，感恩赞叹伟大的自然。

在天文摄影技术出现之前，记录天文现象有着一定的局限性，记录存在一定的误差而且具有主观性，对于同一个星体，不同的人记录都会有不同的结果。然而天文摄影则不同，不但具有更高的客观性，而且还可以同时记录天体的光度、颜色。除此之外，它还可以记录电磁波。通过长时间曝光，光在感光元件上积累，积累得越多，所拍出的图片也就越清晰，亮度也就越高，更便于对天体的观察。

史上首张天文照片是来自美国的约翰·威廉·杜雷伯在1840年拍摄的，那是一张月球照片。除此之外，他还拍摄了第一张清晰的女性面容，不但如此，他还是美国化学协会的首届主席，并且创办了纽约大学医学院。他的儿子亨利·杜雷伯继承了他的衣钵，在1880年率先拍摄了猎户座大星云，那是第一张关于深空天体的照片。

天文摄影无论是对人还是对装备的要求都很高，对于个人来说，需要有健康的身体，由于天文摄影的曝光时间较长，所以很经常的是拍几张照片就到天亮了，几乎很难休息，身体不好可不行，你还要在远离人烟的地方，要不然都市的废光会毁了你的片子的。对于器材来说，也都不算便宜，最低的配置

XINGJITANMI—GAOKEJI YU YUZHOU

**天文摄影的注意事项**

1. 降低你的期望值，出一张好片子不容易，出一张天文摄影的好片子更不容易，很有可能一个多小时拍一张片子而且拍废了，多尝试，调整感光度和光圈的最佳状态，不要怕辛苦也不要怕麻烦。

2. 准备工作要做好，有没有取下UV镜和透入的光线有关，如果你想让进入的光更多一些就取下它吧，电池电量是否充足，有没有打开降噪，内存卡的剩余空间是否足够容纳你的照片

▶ 天文摄影爱好者们常常要通宵拍片

星际探秘——

高科技与宇宙

1826年，法国科学家 Joseph Nicéphore Niépce 在他的家中拍摄出了世界上第一张照片，这张照片拍摄的是在他家的楼上看到的窗户外的庭院和外屋。它是通过在针孔照相机内的一块沥青金属板上曝光形成的。

是一台单镜头反光相机和三脚架，如果你只是想体验一下。

由于大部分单反相机最大曝光时间是30秒，在30秒内一般拍不出你想要的照片，这时你就需要用b门接上一个快门线来自己控制时间了。不是所有的单反相机的镜头都适合拍摄星空，你需要的镜头取决于你拍的对象。如果你想拍摄银河，闪烁的群星，那么一支广角或者超广角镜头最适合你不过了；如果你想拍月亮，你可以选择一个焦距长的镜头，焦距越长拍得也就越清楚。除此之外，你还可以在相机上接一个望远镜，这样的效果更好。鱼眼镜头拍出来的效果更为夸张有趣，会有一种旋绕的动感在其中，如果感兴趣的话可以尝试一下，而且别忘了将iso调大点。

往专业里讲，天文摄影一共有三个支派：固定摄影、追踪摄影和放大摄影，我们刚才已经讲过了固定摄影，放大摄影。追踪摄影看似就更高端了。由于地球的自转，长时间曝光后的照片都会拍摄出一些星星运动的轨迹，照片里会显现出一道一道的光芒，如果你减少曝光时间，那么星星的亮度就会大打折扣，能拍摄到的星星少了，更不用说那些比较暗的星团了。其实这时你只要逆着地球自转的方向转动就可以避免这一点了，这时你所需要的是一台赤道仪，抵消掉这种视运动。